京甜 3 号

新黄星 2 号

国福 208

海丰 10 号

国福 308

国福 403

国塔 109

国塔 102

博辣 5 号

福湘早帅

博辣红星

福湘秀丽

3

苏椒 14 号

兴蔬绿燕

苏椒 15 号

苏椒 16 号

辣椒高产栽培

（第四版）

编著者

王志源　耿三省　陈　斌　张晓芬

金盾出版社

内 容 提 要

本书自第一版发行以来,深受广大读者欢迎,期间已进行两次修订,至今已印刷 83.5 万册。作者根据近年来辣椒品种的更新和栽培技术的发展,对第三版进行了修订。内容包括:辣椒的形态特征和生长发育的环境条件,辣椒优良品种,辣椒露地栽培技术,辣椒地膜覆盖栽培技术,辣椒塑料大棚栽培技术,辣椒日光温室栽培技术,辣椒采种技术,辣椒病虫害防治技术等。全书内容切合生产实际,技术先进,可操作性强,文字通俗易懂,适合广大菜农和基层农业技术推广人员学习使用,也可供农业院校相关专业师生阅读参考。

图书在版编目(CIP)数据

辣椒高产栽培/王志源等编著 . —4 版 . —北京:金盾出版社,2013.9(2018.1 重印)
ISBN 978-7-5082-8510-8

Ⅰ. 辣… Ⅱ. ①王… Ⅲ. ①辣椒—蔬菜园艺 Ⅳ. ①S641.3

中国版本图书馆 CIP 数据核字(2013)第 149759 号

金盾出版社出版、总发行
北京市太平路 5 号(地铁万寿路站往南)
邮政编码:100036 电话:68214039 83219215
传真:68276683 网址:www. jdcbs. cn
封面印刷:北京印刷一厂
彩页正文印刷:北京天宇星印刷厂
装订:北京天宇星印刷厂
各地新华书店经销
开本:850×1168 1/32 印张:3.875 彩页:4 字数:70 千字
2018 年 1 月第 4 版第 36 次印刷
印数:853 001~856 000 册 定价:9.00 元

目 录

一、概　述

辣椒属茄科，为茄果类蔬菜。它原产于中南美洲热带地区，于明朝末年传入我国。由于我国环境条件适合辣椒生长，所以全国各地均有栽培。西南、西北地区及湖南、江西等省，多喜爱种植辣味强的品种；东北、华北、华南地区以及各大城市，多栽种半辣品种或甜椒品种。

辣椒产量高，生长期长，从初夏至初霜来临之前均可采收。辣椒是解决夏淡季的主要蔬菜作物之一。在北方地区，辣椒不仅广泛种植于露地，而且保护地生产面积也不断扩大。采用温室、塑料大棚、小棚、地膜覆盖等多种栽培方式，实现了辣椒的周年供应，提高了经济效益。

由于辣椒较耐贮运，海南、广东等地区近年来大面积发展辣椒商品菜基地，于秋、冬季种植，远销北方，以满足北方各大城市冬季辣椒的需求。但有些地区由于选用品种不当及病毒病危害等原因，造成不同程度的减产，甚至绝产。因此，选择适合当地的优良抗病品种，努力创造适合辣椒生长发育所需的各种环境条件，是取得丰产的关键。

根据辣椒的辣味程度，可将辣椒分为两大类：一类是带有辣味的辣椒；另一类是不带辣味的甜椒，也称为青椒或柿子椒。辣椒一般果实较小，多呈细长形或羊角形；甜椒果实大，多为灯笼形或柿子形。近年来，育种单位的科研人员已培育出不同果形的微辣型辣椒品种。辣椒之所以有辣味,是由于果实中含有一种辣椒素。辣椒素含量的多少决定该品种的辣味程度。多数辣椒品种的辣椒素含量在 0.2%～0.5%。

辣椒可以食用青果,也可食用红熟果,所以采收期并不十分严格。辣椒果实未成熟时为绿色,成熟后为红色,也有少数品种成熟后为黄色或橙色。辣椒果实除有辛辣味可作调味之外,还含有丰富的胡萝卜素和维生素 C,其维生素 C 含量居蔬菜之首位。由于品种及成熟度的不同,维生素 C 含量差异很大。辣椒维生素 C 含量比甜椒高,其成熟果比未熟果高 2～3 倍。

辣椒可以生食,而且生食的营养价值较高。辣椒也可炒食,还可腌制或加工成辣椒粉、辣椒酱等。干制辣椒还远销斯里兰卡、新加坡、马来西亚等国家和非洲、欧洲等地区,成为我国的出口创汇商品。

二、辣椒的形态特征和生长发育的环境条件

（一）辣椒的形态特征

1. 根

辣椒的根系不如番茄、茄子发达。主根长出后分杈，称为一级侧根。一级侧根再分杈，形成二级侧根，如此不断分杈，形成根系。通常在距离根端1毫米处有一段1～2厘米长的根毛区，上面密生根毛。根毛寿命只有几天，但因密度大，吸水力强，所以能大大增加根系的活跃吸收面积，提高吸收及合成功能。

根的作用是从土壤中吸收水分及无机营养。辣椒植株的生长及其果实形成所需的大量水分及无机营养均由根从土壤中吸收。根的另一作用是合成氨基酸，这一作用常被人们忽视。植物体必需的许多氨基酸是由根系合成后输送到地上部分的。另外，根还起固定植株、支持主茎不倒伏的作用。

主根上粗下细，在疏松的土壤里一般可入土层40～50厘米。移栽的辣椒由于主根被切断，所以根系的生长受到抑制，深度一般为25～30厘米。随着主根的生长，不断形成侧根。侧根发生早而多，主要分布在5～20厘

米深处。侧根一般长 30～40 厘米。

各部位根系的吸收能力不同。较老的木栓化根只能通过皮孔吸水,吸水量很小。其吸收作用主要由幼嫩的根和根毛进行,合成作用也是新生根的细胞中最旺盛的。因此,在栽培中要促使辣椒不断产生新根,发生根毛。

2. 茎

辣椒茎直立,基部木质化,较坚韧。茎高 30～150 厘米,因品种不同而有差异。分枝习性为双杈分枝,也有三杈分枝的。但其中一条生长较强,而另一条不很发达,在植株上部的分枝上尤为明显。一般情况下,小果型植株高大,分枝多,开展度大,如云南开远小辣椒有 200～300 个分枝;大果型植株矮小,分枝少,开展度小。一般当主茎长到 5～15 片叶时,顶芽分化为花芽,形成第一朵花;其下的侧芽抽出分枝,侧枝顶芽又分化为花芽,形成第二朵花;以后每一分杈处着生 1 朵花。丛生花则在分杈处着生 1 朵以上的花。

茎将根吸收的水分及无机物等输送给叶、花、果,同时又将叶片制造的有机物质输送给根,促进植株生长。

3. 叶

辣椒的叶分子叶和真叶。幼苗出土后最早出现的两片扁长形的叶称为子叶,以后生出的叶称为真叶。子叶展开初期呈浅黄色,以后逐渐变成绿色。在真叶出现以前,子叶是辣椒赖以生存的唯一同化器官。子叶生长的好坏取决于种子本身的质量和栽培条件。如种子发育不充实,将使子叶瘦弱畸形。当土壤水分不足时,子叶不舒展;水分过多或光照不足,则子叶发黄。所以,根据幼苗子叶的生长状况可判断幼苗是否健壮。

辣椒的真叶为单叶、互生、卵圆形、披针形或椭圆形，全缘，先端尖，叶面光滑，微具光泽。叶色因品种不同而有深浅之别。一般大果型品种叶片较大、微圆短，小果型品种叶片较小、微长。

辣椒叶片的功能主要是进行光合作用和蒸腾水分、散发热量。一粒微小的辣椒种子能长成一株硕大的植株，除水分以外，全部干物质主要是依靠叶片进行光合作用所积累的，所以叶片是制造有机物的"工厂"。叶片的生长状况往往反映了植株的健壮程度。一般情况下，健壮的植株叶片舒展、有光泽、颜色较深，心叶绿色较浅，颇有生机；反之，叶片不舒展、叶色暗、无光泽，或叶片变黄、皱缩。

4. 花

辣椒的花为两性花。属常异花授粉作物，虫媒花。异交率5%～30%，品种间差异较大。故辣椒采种时，应注意隔离，一般不少于500米。

辣椒花小，白色或绿白色。花的结构可分为花萼、花冠、雄蕊、雌蕊等（图1）。花萼为浅绿色，包在花冠外的基部，花萼基部连成萼筒呈钟形，先端5～6齿。花冠由5～6片分离的花瓣组成，基部合生。花瓣较少，颜色乳白。开花后4～5天随着子房的生长而逐渐脱落。雄蕊由5～6个花药组成，围生于雌蕊外面，与雌蕊柱头平齐或略高出雌蕊柱头，这种花称为正常花或长柱花。辣椒花朝下开，花药成熟后开裂，花粉散出，落在靠得很近的柱头上，进行授粉。还有一种花,柱头低于花药,称为短柱花。短柱花柱头低于花药,花药开裂时大部分花粉不能落在柱头上,授粉机会很少,几乎全部落花。即使进行人工授粉,也往往由于子房发育不完全而结实不良或不结果实,因此生产上应设法尽量减少短柱花的出现。雌蕊由柱头、花柱和子房三部分

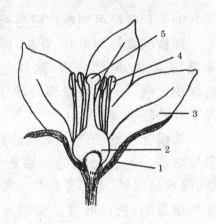

图1　辣椒花示意图
1. 花萼　2. 子房　3. 花冠
4. 花药　5. 柱头

组成。柱头上有刺状隆起,便于黏着花粉。一旦授粉条件适合,花粉发芽,花粉管通过花柱到达子房受精,形成种子。与此同时,果实也发育膨大。辣椒花在开花后4~5天便萎蔫脱落。

5. 果　实

辣椒果实属浆果。由子房发育而成,为真果。果实形状有扁柿形、长灯笼形、方灯笼形、长羊角形、长锥形、短锥形、长指形、短指形、樱桃形等。子房小的只有几克,大的可达400~500克。果皮与胎座之间形成较大的空腔,果实有2~4个心室。

辣椒果实从开花授粉至商品成熟需25~30天,呈绿色或乳白色、紫色。生物学成熟为50~65天,呈红色或

黄色、橙色。

辣椒的辣味,一般大型果实辣椒素含量极少,不带辣味,而果实越小越辣。

6. 种 子

辣椒种子着生于果实的胎座上。成熟种子呈短肾形,扁平,浅黄色,有光泽,采种或保存不当时为黄褐色。种皮有粗糙的网纹,较厚,因而不及茄子种皮光滑,不如番茄种子好发芽。种子千粒重 6～7 克。发芽能力平均年限为 4 年,使用适期年限为 2～3 年。

(二)辣椒生长发育的环境条件

辣椒属喜温蔬菜,在热带和亚热带地区,可成为多年生植物,在我国一般为 1 年生作物栽培。辣椒在海南省及广东省南部地区可露地越冬栽培,其他地区冬季都要枯死。如果加以保护越冬,到翌年可重新生枝抽芽、开花结果,但其生长势及产量较低。

1. 温 度

辣椒不同的生长发育时期,对温度有不同的要求。种子发芽适宜温度为 25℃～30℃,需要 4～5 天。温度为 10℃～12℃时则难以发芽。出芽后需稍降温以防止幼苗生长太快而纤弱(俗称徒长)。白天保持 20℃～22℃,不超过 25℃;夜温以 15℃～18℃为宜,这样,能使幼苗缓慢健壮生长。茎叶生长发育白天适温 27℃左右,夜温 20℃左右。在此温度条件下,茎叶生长健壮,既不会因温度太低而生长缓慢,也不至于因温度太高使枝叶生长过旺而影响开花结果。初花期植株开花授粉适温为 20℃～27℃,低于 15℃时,植株生长缓慢,难以授粉,易引起落花、落果;高于 35℃,花器发育不全或柱头干枯不能受精而落花,即使受精,果实也不能正常发育而干萎。所以,在高温的伏天,特别是气温超过 35℃时,辣椒往往不坐果。果实发育和转色期,要求温度为 25℃～30℃。因此,冬天保护地栽培的辣椒常因温度过低而变红很慢。不同品种对温度的要求也有很大差异,大果型品种往往比小果型品种更不耐高温。

辣椒整个生长期间的温度范围为 12℃～35℃,低于 12℃要盖膜保温,超过 35℃要浇水降温。

2. 光　照

辣椒对光照的需求因生育期不同而异。种子在黑暗条件下容易发芽,而幼苗生长则需要良好的光照条件。辣椒的育苗时期一般多在 11 月份至翌年 4 月份,此期的光照强度较弱,常常达不到辣椒的光饱和点。弱光时,幼苗节间伸长,含水量增加,叶薄色淡,抗性差;强光时,幼苗节间短,茎粗,叶厚色深,抗性也强。幼苗移植以后,茎、叶的生长发育与日照强度密切相关。从全年看,4～10 月份日照较强。辣椒的光饱和点约为 3 万勒,较其他果菜类低,较耐弱光。过强的光照不但不能提高它的同化率,而且会因强光伴随高温而影响它的生长发育。因此,在此期间稍降低日照强度反会促进茎叶的生长,枝叶旺盛,叶面积变大,结果数增多,果实发育好。不少地区经常采用辣椒和玉米或架豆间作的方式,对辣椒适当遮阴可获得高产。但光照降低太多,会降低同化作用,使茎、叶发育不良,影响产量。辣椒开花坐果如遇连阴雨天,光照减弱,开花数会减少,而且由于花的素质不好,结实率降低,果实膨大的速度也慢。

辣椒为中光性植物,只要温度适合,营养条件良好,光照时间的长或短,对开花、花芽分化影响不大。但在较短的强光照条件下,开花较早。

3. 水 分

辣椒是茄果类蔬菜中较耐旱的植物,尤其是小果型辣椒品种比大果型的甜椒更为耐旱。辣椒在各个生育期的需水量不同。种子发芽需要吸收一定量的水分。辣椒种子的种皮较厚,吸水慢,所以催芽前先要浸泡种子,使其充分吸水,以促进发芽。幼苗期植株尚小,需水不多,此时又值冬季温度低,如果土壤水分过多,根系发育不良,植株徒长纤弱。移栽后,植株生长量大,需水量随之增加,但仍要适当控制水分,以利于地下部根系伸展发育,并控制地上部枝叶徒长。初花期,需水量增加。特别是果实膨大期,需要充足的水分,如果水分供应不足,果实膨大慢,果面皱缩、弯曲、色泽暗淡,甚至降低产量和质量。所以,在此期间供给足够的水分,是获得优质高产的重要措施。

空气湿度过大或过小,对幼苗生长和开花坐果影响很大。幼苗期如空气湿度过大,容易引起病害。初花期湿度过大会造成落花;盛花期空气过于干燥,也会造成落花落果。

4. 土壤条件

土壤是辣椒生长的基础,直接影响植株生长的好坏以及产量的高低。辣椒对土壤的要求并不十分严格,pH值为6.2~7.2的中性和微酸性土壤都可以种植辣椒。应选择土层深厚、富含有机质、背风向阳、能灌能排的地块,深翻35~40厘米。因为辣椒的根群大多分布在30厘米左右的表土层中,耕作太浅,根系无法向下伸展,而且肥料也容易流失。

辣椒的生长需要充足的养分,对氮、磷、钾三要素肥料均有较高的要求。在各个不同的生长发育时期,需肥的种类和数量也有差别。幼苗期植株幼小,需肥量少,但肥料质量要好,需要充分腐熟的农家肥和一定比例的磷、钾肥,尤其是磷肥。辣椒在幼苗期就进行花芽分化,氮、磷肥对幼苗发育和花的形成都有显著的影响。磷不足,不但发育不良,而且花的形成迟缓,产生的花数也少,并形成不能结实的短柱花。因此,在苗期供给优质全面的肥料是夺取高产的关键。初花期,枝叶开始全面发育,需肥量不太多,可适当施些氮、磷肥,以促进根系的发育。此期氮肥施用过多,植株容易发生徒长,推迟开花坐果,而且枝叶赢弱,易感各种病害。初花后对氮肥的需求量逐渐增加。盛花坐果期对氮、磷、钾肥的需求量较大,氮肥供枝叶发育,磷、钾肥促进植株根系生长和果实膨大以及增加果实的色泽。辣椒的辛辣味受氮、磷、钾肥施用量比例的影响。氮肥多,磷、钾肥少时,辛辣味降低;氮肥少,磷、钾肥多时,则辣味浓。因此,在生产管理过程中,适当掌握氮、磷、钾肥的比例,不但可以提高辣椒的产量,而且可改善其品质。

辣椒为陆续成熟、多次采收的作物。在盛果期,一般每采收 1 次果实施 1 次肥,宜在采收前 1～2 天施用。对越夏延秋栽培的植株,多施氮肥可促进新生枝叶的抽生;磷、钾肥可使茎秆粗壮,增强植株抗病能力,促进果实膨大。

三、辣椒优良品种

近年来,我国的农业科研院所选育成了一批辣椒新品种,这些品种大多具有商品品质优良、复合抗病能力强、丰产等优良特性。由于不同类型品种的熟性、色泽、形状、辣味程度等特性各异,各地区应根据当地的生态条件、栽培方式、消费习惯和市场需求来选择当地适用的品种。

(一)甜椒优良品种

中椒 104 号

由中国农业科学院蔬菜花卉研究所最新育成的中晚熟甜椒杂交一代品种。植株生长势强,连续坐果性好,果实方灯笼形,4 心室率高,果面光滑,果色绿,单果重180～230 克,果肉厚 0.5～0.6 厘米。中晚熟,从始花至采收约45 天,果实商品性好。抗病毒病,耐疫病。每 667 米^2 产量 4 000～6 000 千克。主要适于北方地区露地栽培,也可用于北方冬春茬塑料大棚栽培或长季节栽培。

中椒 105 号

由中国农业科学院蔬菜花卉研究所最新育成的中早熟甜椒杂交一代品种。植株生长势强,果实灯笼形,3～4

心室,果面光滑,果色浅绿,单果重 130～150 克。中早熟,从始花至采收约 35 天。与市场同类品种比较,其最突出特点在于中后期坐果多,果形好,果实大。此品种在整个采收期果实商品性好,商品率高,且耐贮运。该品种抗逆性强,兼具较强的耐热和耐低温能力,抗病毒病。每667 米^2 产量 5 000～6 500 千克。主要适于广东、海南等地区秋、冬季栽培,也可用于北方春茬塑料大棚栽培。

中椒 107 号

由中国农业科学院蔬菜花卉研究所最新育成的早熟甜椒杂交一代品种。早熟,从始花至采收约 30 天,果实灯笼形,3～4 心室,果面光滑,果色绿,单果重 150～200克,果肉较薄,味脆甜。果实膨大快,前期坐果集中。较耐低温,抗病毒病。每 667 米^2 产量 4 000～5 000 千克。主要适于北方地区保护地早熟栽培,也可露地地膜覆盖栽培。

中椒 108 号

由中国农业科学院蔬菜花卉研究所最新育成的中熟甜椒杂交一代品种。植株生长势中等,果实方灯笼形,果实纵径约 11 厘米、横径约 9 厘米,4 心室率高,果面光滑,果色绿,单果重 180 克左右,果肉厚约 0.6 厘米。中熟,从始花至采收约 35 大,果实商品性好,商品率高,耐贮运,货架期长。抗病毒病,耐疫病。每 667 米^2 产量 3 500～4 500 千克。主要适于广东、海南地区露地栽培。

中椒 0808 号

由中国农业科学院蔬菜花卉研究所最新育成的中晚熟甜椒杂交一代品种。从定植至始收 70 天左右。植株生长势强，株型较直立，株高 52 厘米左右，开展度 41.5 厘米×48.5 厘米左右。始花节位8～9 节，果实方灯笼形，青熟果实浅绿色，成熟果实黄色，果实纵径约 9 厘米、横径约 8 厘米，单果重 180 克左右。果肉厚约 0.8 厘米，3～4 心室，以鲜食为主。果实商品性好，田间表现综合抗性好，抗烟草花叶病毒病，中抗黄瓜花叶病毒病，中抗疫病。主要适于北方地区露地栽培，也可用于广东、海南地区秋、冬露地栽培和北方冬、春长季节栽培。

京甜 1 号

由北京市农林科学院蔬菜研究中心育成。早熟甜椒杂交一代品种。始花节位为 9～10 节，植株生长健壮。持续坐果能力强，整个生长季果形保持良好。果实长圆锥形，以 2～3 心室为主，青熟期果实深绿色，长 15 厘米左右，果肩宽约 5.9 厘米，果面光滑，果肉厚约 0.5 厘米，单果重 100～160 克。果实老熟期暗红色，含糖量和辣椒红素含量较高。高抗烟草花叶病毒病，抗黄瓜花叶病毒病，耐疫病。适于云南、四川、贵州等地秋延后大棚和露地栽培。

京甜 3 号

由北京市农林科学院蔬菜研究中心育成。中早熟甜椒杂交一代品种。始花节位 9～10 节,植株生长势健壮,叶片深绿色,果实正方灯笼形,4 心室率高,果实翠绿色,果面光滑,商品率高,耐贮运。果实纵径约 10 厘米、横径约 9.5 厘米,果肉厚约 0.56 厘米,单果重 160～260 克。耐低温弱光,持续坐果能力强,整个生长季果形保持良好。高抗烟草花叶病毒病和黄瓜花叶病毒病,抗青枯病,耐疫病。适于华南地区南菜北运基地栽培,是目前我国增产潜力较大品种之一。

国禧 105

由北京市农林科学院蔬菜研究中心育成。为大果型甜椒中早熟杂交一代品种。始花节位 9～10 节,植株生长势健壮。果实方灯笼形,3～4 心室,果实绿色,果面光滑,果实纵径约 10 厘米、横径约 9 厘米,果肉厚约 0.56 厘米,单果重 160～260 克,品质佳,耐贮运。植株持续坐果能力强,整个生长季果形保持良好。低温耐受性强,高抗烟草花叶病毒病和黄瓜花叶病毒病,抗青枯病,耐疫病。适于北方保护地及露地栽培。

新黄星 2 号

由北京市农林科学院蔬菜研究中心育成。为灯笼形甜椒杂交一代彩椒品种。该品种中早熟,连续坐果能力强,青熟果翠绿色,生理成熟果黄色,果面光亮;果形好,果实纵径 13 厘米左右、横径 10 厘米左右,单果重 300 克左右,耐贮运;经苗期接种鉴定,抗烟草花叶病毒病,中抗黄瓜花叶病毒病;适于设施栽培。

海丰 10 号

由北京市海淀区植物组织培养技术实验室育成。为大果型甜椒杂交一代品种。始花节位为 10～11 节,果实方灯笼形,果实纵径 12～14 厘米、横径 9～10 厘米,果肉厚约 0.61 厘米,平均单果重 231.37 克,商品性好,货架期长。适于北方保护地长季节栽培和南方露地栽培。比同类品种采收期长,连续坐果能力强。

海丰 15 号

由北京市海淀区植物组织培养技术实验室育成。早熟甜椒杂交一代品种。始花节位为 9 节左右,果实方正,果实纵径约 9.12 厘米、横径约 8.28 厘米,平均果肉厚 0.45 厘米,平均单果重 181.4 克,果色绿,果面光滑,坐果率高。适于广东、广西、江苏、浙江等南菜北运地区栽培。

海丰 16 号

由北京市海淀区植物组织培养技术实验室育成。大果型早熟甜椒杂交一代品种。始花节位为 9～10 节,果实方正,果实纵径平均 9.8 厘米、横径平均 10.52 厘米,平均果肉厚 0.69 厘米,平均单果重 261.58 克。适于河北、山东等地秋延后大棚栽培和广东、广西、山西、陕西等地露地栽培。其早熟性和丰产性优于当地的主栽品种。

（二）辣椒优良品种

中椒 106 号

由中国农业科学院蔬菜花卉研究所最新育成的中早熟辣椒杂交一代品种。植株生长势强，果实粗牛角形，果面光滑，果色绿，生理成熟后亮红色，单果重 50～60 克，最大果重可达 100 克以上。中早熟，从始花至采收 35 天左右，既可采收青椒，也可采收红椒，果肉较厚，耐贮运。田间抗逆性强，抗病毒病，耐疫病。适于全国各地露地栽培，也可高山栽培。播种期根据当地情况而定。

国福 208

由北京市农林科学院蔬菜研究中心育成。中早熟高产辣椒杂交一代品种。植株生长健壮，果实长宽羊角形，果实顺直美观，果肉厚质脆腔小。果长 23～25 厘米，果肩宽 3.5 厘米左右，单果重 80 克左右。辣味适中，果色偏淡绿，红果鲜艳，红熟后不易变软，耐贮运，持续坐果能力强，商品率高。高抗病毒病、青枯病和叶斑病。耐热耐湿，越夏栽培结实率强，绿、红椒均可上市。适宜露地栽培，每 667 米² 产量 4 000 千克左右。

国福 308

由北京市农林科学院蔬菜研究中心育成。中早熟辣椒杂交一代品种。耐低温，低温寡照条件下坐果优秀，持

续坐果能力强。膨果速度快。果实特长牛角形,果基有
皱,果实顺直。果长 26～28 厘米,果肩宽 5.5 厘米左右,
单果重 100～150 克。果皮黄绿色,耐贮运。较耐热耐
湿,抗病毒病和青枯病。适于华北、西北及东北地区保护
地栽培。

国福 403

由北京市农林科学院蔬菜研究中心育成。中熟辣椒
杂交一代品种。植株生长势较旺,半直立株型,茎秆有茸
毛,连续坐果能力强,节节有果,果实长线形,果长 22～24
厘米,果肩宽 1.7 厘米左右,单果重 23～28 克。果面光
亮,果形美观,青熟果翠绿色,红果鲜亮,辣味香浓,且辣
中带甜,口感好,食味极佳,耐贮运,商品性好。耐热、耐
湿性强,高抗病毒病,抗青枯病、炭疽病和疫病。持续收
获期长,绿、红果兼收,适宜多种加工。

国塔 102

由北京市农林科学院蔬菜研究中心育成。利用辣椒
雄性不育系育成的中早熟杂交一代品种。辣味强,生长
势较强,果实长圆羊角形,果长 13～15 厘米,果肩宽 2.1
厘米左右,鲜椒单果重 20～25 克,干椒单果重约 3 克。
嫩果绿色,成熟果鲜红色,干椒果暗红光亮、油脂和辣椒
红素含量高。持续坐果能力极强,单株坐果达 60 个以
上,高抗烟草花叶病毒病,抗黄瓜花叶病毒病,中抗疫病,
抗青枯病。是鲜绿椒、红椒、加工干椒多用品种。每 667

米² 红鲜椒产量 3 000 千克左右,每 667 米² 干椒产量可达 400 千克。适宜我国内蒙古、吉林、山东及新疆等规模化出口干椒生产基地露地栽培。

国塔 109

由北京市农林科学院蔬菜研究中心育成。利用雄性不育系育成中熟干鲜两用辣椒杂交一代品种。植株生长健壮,半直立株型。青辣椒绿色,干椒浓红色,辣味浓,高油脂,辣椒红素含量高,商品率高。果实中长锥圆羊角形,果实纵径 15 厘米左右,果肩宽约 2.4 厘米,单果重 28~40 克。持续坐果能力强,单株坐果 40~60 个。抗病毒病和青枯病,是速冻红椒、干椒兼用出口品种。适宜我国内蒙古、吉林、山东及新疆等规模化出口干椒生产基地露地栽培。

福湘秀丽

由湖南省蔬菜研究所育成。中熟泡椒杂交一代品种。株高 70 厘米左右,开展度 65 厘米左右,第一花着生节位为 12 节左右。果实粗牛角形,青果绿色,生物学成熟果鲜红色。果面光亮,果长 18 厘米左右,果肩宽约 5.5 厘米,果肉厚约 0.5 厘米,单果重 120 克左右,商品性佳。坐果多,连续坐果能力强,一般每 667 米² 产量 3 000 千克左右。果实耐贮运能力强,是广东、广西和海南等地南菜北运主栽品种。

博辣 5 号

由湖南省蔬菜研究所育成。晚熟羊角椒杂交一代品种。株高 70 厘米左右,开展度 80 厘米左右,第一花着生节位为 14 节左右。果实羊角形,青果深绿色,生物学成熟果鲜红色,果长 22 厘米左右,果肩宽约 1.5 厘米,果肉厚约 0.5 厘米,单果重 20 克左右。果面光亮,果形较直,果实味辣,风味好,可鲜食或加工盐渍酱制。坐果多,连续坐果能力强。

博辣红星

由湖南省蔬菜研究所育成。中早熟羊角椒杂交一代品种。株高 60 厘米左右,开展度 80 厘米左右,植株生长势较强,第一花着生节位 10～11 节,果实羊角形,果实纵径 12～14 厘米、横径 2.2～2.5 厘米,果肉厚约 0.25 厘米。果形较直,整齐标准,青熟果为深绿色,生物学成熟果深红色,平均单果重 26 克,最大单果重 32 克。果实味辣,风味好,可鲜食、加工干制、酱制或作提取红色素的原料。

福湘早帅

由湖南省蔬菜研究所育成。早熟薄皮泡椒杂交一代品种。株高 45 厘米左右,开展度 53 厘米左右,植株生长势较弱,第一花着生节位 8～9 节。果实牛角形,果实纵径 14 厘米左右、横径 4.5 厘米左右,果肉厚 0.3 厘米左右,青熟果为绿色,生物学成熟果红色,平均单果重 60 克左右。果皮薄,肉厚质脆,品质上等,味半辣,以鲜食为主。该品种果实商品性好,综合抗病能力强。适宜作大棚极早熟或露地早熟栽培。长江流域作早春极早熟栽培一般采用大棚或温室育苗。

兴蔬绿燕

由湖南省蔬菜研究所育成。中熟羊角椒杂交一代品种。株高 70 厘米左右,开展度 70 厘米左右,植株生长势较强,第一花着生节位 11 节左右。果实羊角形,果实纵径 22 厘米左右、横径 1.8 厘米左右,果肉厚 0.3 厘米左右,青熟果绿色,生物学成熟果鲜红色,平均单果重 25 克左右,味辛辣,以鲜食为主。果实商品性好,耐贮运能力强,综合抗病能力强。

海丰 14 号

由北京市海淀区植物组织培养技术实验室育成。羊角形早熟辣椒杂交一代品种。果实浅绿色,果实纵径 20 厘米左右、横径约 3 厘米,果肉厚,耐贮运。果面光滑,果实顺直,商品性好。植株生长势强,结果期长,坐果率高,每 667 米² 产量 4 500 千克左右。抗病性好。

海丰 23 号

由北京市海淀区植物组织培养技术实验室育成。牛角形早熟辣椒杂交一代品种。果实绿色,果长 22～30 厘米,果肩宽3.5～4.5厘米,果肉厚约0.3厘米,平均单果重120克,果实顺直,果面光滑,商品性好。植株生长势强,连续坐果能力好。适于北方保护地和露地栽培。

海丰25号

由北京市海淀区植物组织培养技术实验室育成。早熟麻辣甜椒杂交一代品种。果实长灯笼形,果面光滑有光泽,略有皱褶,青果绿色,成熟果红色,果长12厘米左右,果肩宽8厘米左右,平均果肉厚0.5厘米,味微辣。植株生长势强,抗病毒病、炭疽病。

海丰28号

由北京市海淀区植物组织培养技术实验室育成。早熟,绿色,粗羊角形辣椒杂交一代品种。果味辣。始花节位9～10节,果面光滑,果长20～23厘米,果肩宽3厘米左右,单果重80克左右。植株生长势强,连续坐果性好,抗病毒病、疫病。每667米²产量4500千克左右。露地、保护地均可栽培。

苏椒14号

由江苏省农业科学院蔬菜研究所育成。早熟辣椒杂交一代品种。始花节位7～8节,株型半开张,侧枝少,叶色绿。坐果能力强且集中,果实粗长牛角形,果长18～25厘米,果肩宽5～5.6厘米,果肉厚约0.4厘米,单果重100克左右。青熟果绿色,老熟果鲜红色,光泽亮,味较辣,果面光滑,商品性好,耐贮运。抗病性好,耐热突出。是大棚秋延后保护地栽培最佳替代品种。适宜保护地秋延后及春提早栽培,长江流域及其以南地区春季露地栽培,以及广东、广西和海南等地秋冬栽培。

苏椒 15 号

由江苏省农业科学院蔬菜研究所育成。早中熟牛角椒杂交一代品种。始花节位约 11 节。果实牛角形,浅绿色,平均单果重 76.4 克,果实长平均 15.6 厘米,果肩宽平均 4.7 厘米,果形指数 3.3,果肉厚约 0.37 厘米,味微辣。每 667 米^2 平均产量 3 637.9 千克。田间调查表明,病毒病病情指数 3.9,表现为抗;炭疽病病情指数 0.0,表现为抗。适于长江中下游地区春提早栽培、黄淮海地区秋延后栽培。

苏椒 16 号

由江苏省农业科学院蔬菜研究所育成。长灯笼形早熟辣椒杂交一代品种。始花节位约 10 节。果实长灯笼形,绿色,平均单果重 49.3 克,果长平均 11.8 厘米,果肩宽平均 4.4 厘米,果形指数 2.7,果肉厚约 0.28 厘米,味微辣。每 667 米^2 平均产量 3 348 千克。田间调查表明,病毒病病情指数 2.7,表现为抗;炭疽病病情指数 0.0,表现为抗。适于长江中下游地区冬春茬栽培和早春栽培。

(注:以上品种的特性介绍均由各育种单位提供)

四、辣椒露地栽培技术

(一)品种的选择

辣椒是高产蔬菜,但近年来普遍减产,尤其是露地栽培辣椒减产更为明显。减产的主要原因是品种退化、抗性降低、病虫害严重等。针对这个问题,科技工作者育成了一批新的抗病品种。露地栽培,应选择中、晚熟,生育期较长,抗病性强的品种,如中椒 104、中椒 108、博辣 5号、国福 403、国塔 109 等。任何一个品种都有一定的适应性。因此,引进新的品种,一定要先进行小面积试种,试种成功后,方可大面积种植推广。

(二)培育壮苗

1. 育苗的意义

辣椒栽培有直播和育苗移栽两种方式。直播一般在耕地上按 0.7～1 米开沟做垄,条行直播,稀撒种子,盖土约 1 厘米厚,以不见种子为度。2～3 片真叶时,间苗 1次。7～8 片真叶时,按 15～16 厘米株距定苗。辣椒直播省工,但受气候条件影响较大,用种量大,幼苗不整齐,占地时间长,产量也低。因此,现在多采用育苗移栽方式。育苗移栽虽需投入一定的人工和设备,但与直播相比具

有以下优点：①早春利用保护设施,可人为控制幼苗生长
所需的环境条件,在低温严寒季节可以培育出壮苗。一
旦露地气候条件适宜辣椒生长,就可及早定植,延长辣椒
的生育期,达到早熟丰产的目的。②育苗移栽可使幼苗
集中在小面积苗床上生长,不但便于管理,而且缩短了生
产田的占地时间,可提高土地利用率。③目前生产上正
广泛推广辣椒的杂交一代种子,但其制种技术复杂,种子
价格高,而育苗移栽可节省种子,降低成本。由于育苗移
栽有上述优点,所以培育壮苗是辣椒栽培取得丰产的
基础。

2. 育苗的设备

（1）阳畦　阳畦是只靠阳光增温而无其他人工加温
设施的冷床,由风障、畦框、覆盖物三部分组成。由于阳
畦的高度和风障倾斜度的不同,阳畦又可分为抢阳畦和
槽子畦(图2)。抢阳畦可使畦内多接受阳光,一般早春蔬
菜育苗多采用这种畦。

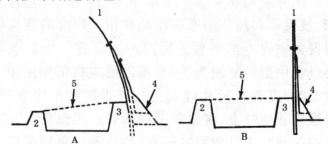

图 2　阳　畦
A. 抢阳畦　B. 槽子畦
1. 风障　2. 南框　3. 北框　4. 风障土背　5. 覆盖物

阳畦必须在当地初冬上冻之前做好。北京地区一般在 11 月上旬以前做好阳畦。应选择地势高燥，背风向阳，距水源较近的地方做畦。阳畦为东西向延长。做畦前 1 天，在畦底部位浇水，洇透畦底。浇水后第二天，趁土湿黏之际先垒畦框，边垒土边踩实。垒框的顺序为先北框，再东西两侧，最后为南框。北框高 40～50 厘米，框底宽 30～40 厘米，框顶宽 15～20 厘米；南框高 20～30 厘米，框底宽 30～40 厘米，框顶宽 25 厘米左右；东西两框为南低北高，并与南北两框密切相接，厚度与南框相同。挖土垒框时，畦框要拍实，表面要抹光。待畦框基本晾干，贴北框外侧立一道风障。风障由篱笆、披风草、土背三部分组成，高约 2 米，向南倾斜，与地面呈 70°角。篱笆用竹竿或苇子、高粱秸等材料做成。披风草紧紧贴在篱笆背阴侧，高约 1.5 米。在篱笆和披风草的基部培成高 40 厘米，底宽 50 厘米，顶宽 20 厘米的土背。土背要高出阳畦的北框顶部 10 厘米，它有固定风障、披风草和加强防寒保温的作用。阳畦的覆盖物有透明覆盖物和不透明覆盖物两种。目前所用的透明覆盖物以农用塑料薄膜为主，玻璃因成本高很少使用。阳畦覆膜时，可先在南北畦框上交叉排放竹竿作支架，将薄膜展平盖在畦上，将北框上的薄膜边用泥压好、固定，薄膜的其他三边可暂用砖压好，待播种后再用泥压住密封。不透明覆盖物可就地取材，以保温、防潮、轻便为原则。京、津、冀一带多用蒲席，其宽度应略宽于畦面，长度以使用方便为准，不宜太长。

阳畦育苗播种前,要将畦土由南半畦翻到北半畦,将土堆成斜面,以便阳光充分晒土。播种前20天左右,为促使土壤解冻,白天敞开晒土,夜间盖席保温。随着土壤解冻,分期将土堆搂平。播种前将充分腐熟的农家肥平铺于畦底,厚约10厘米,用四齿耙刨几遍,使表土层与肥料均匀混合,然后用平耙搂平,平整畦面,盖好薄膜,烤地增温,以备播种。

(2)薄膜改良阳畦　薄膜改良阳畦是普通阳畦的一种改良型。它的结构简单,经济实用,保温性能比阳畦好,温度变化较为缓和,栽培面积和空间都大于阳畦,适于育苗。因此,近年发展较快。

改良阳畦的北侧为土墙,高1米、厚0.5米。用竹竿或钢筋作支架,一端插入地,另一端搭在北墙上,畦中部立有立柱,再绑几根横梁。畦宽约3米,长短不拘,因地制宜。棚架上扣塑料薄膜,薄膜不能全部扣严,分成两幅盖,两幅的交接处在顶棚的下侧,可以拉开缝隙,以便通风降温。夜间可以盖草苫,防寒保温(图3)。畦内整地与阳畦相同,土壤充分翻晒,施入腐熟有机肥,土肥充分混合,平整畦面,以备播种。

(3)温室　温室的种类很多。按屋面采光材料的不同,分为玻璃温室及塑料薄膜温室;按加温与否,分为加温温室和日光温室;按结构的不同,又分为单屋面、双屋面、单屋面二折式、单屋面三折式等。目前,生产上应用最多而又经济实用、适合早春育苗用的为塑料薄膜温室。塑料薄膜温室,根据有无加温设备,可分为塑料薄膜加温温室和塑料薄膜日光温室(图4)。在北方地区，加温温室除用作早春育苗外，还可进行冬季喜温蔬菜栽培。

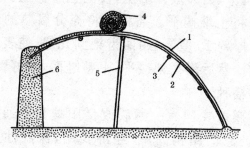

图3　改良阳畦

1.薄膜　2.拱杆　3.横杆　4.草苫　5.立柱　6.土墙

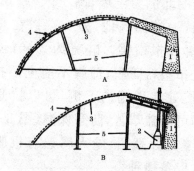

图4　塑料薄膜温室

A.日光温室　B.加温温室

1.土墙　2.加温设备　3.拱架　4.塑料薄膜　5.立柱

塑料薄膜温室有较厚的土墙，竹木或钢筋的拱架上覆盖塑料薄膜，使它能充分采光和严密保温，无论用于育苗还是蔬菜生产，效益都很好。如有加温设备，容易控制温度,育苗更为稳妥。在温室内按东西向做畦,畦宽1.2米左右,畦深15厘米左右。平整畦面后,可在畦内施肥配制营养土或摆入营养钵。

3. 营养土的配制

育苗床土的好坏与辣椒幼苗生长和发育有很大关系。苗床土必须肥沃,富含有机物质,有良好的物理性状,保水力强,空气通透性好。过去,苗床土常用多年种植蔬菜的菜园土,虽然土壤肥沃、物理结构好,但病原菌较多,往往导致苗期猝倒病、立枯病等病害大量发生。因此,近年来不提倡用菜园土配制营养土,最好采用未种过菜的大田土壤,这些土壤中病菌少。床土以沙壤土为佳,加入适量充分腐熟的农家肥,这些肥料不仅能迅速和持久地供给辣椒幼苗生长发育需要,还能改善床土的物理性状。在育苗过程中,基本不需再施肥。农家肥一般用厩肥,也可用河泥或塘泥。土壤和农家肥的比例一般为6:4。如果肥力不足,也可混加少量速效肥,如0.1%~0.2%过磷酸钙或复合肥料。在南方红壤土等土质酸度较高的地区,配制营养土时可加入适量的石灰,既起中和作用又增加土壤中的钙质。土壤黏重的地区,营养土中可加入10%~20%粗沙或蛭石,以降低营养土的黏度,提高土壤的通透性。

配制营养土时,一定要将土打碎、过筛,并混合均匀。配好的营养土可直接铺于畦内,平整后待播种。也可将营养土装入育苗盘中,利用育苗盘播种比较灵活、方便。育苗盘是塑料硬质箱体,底部有渗水孔,大、小型号都有,常用的长×宽×高为 60 厘米×24 厘米×6 厘米。育苗盘放在温室内,由于温室内各部位温度有差别,所以要不断地改变育苗盘的位置,使幼苗生长整齐一致。

4. 浸种催芽

浸种催芽是为了满足种子发芽所需的温度、水分、氧气 3 个条件。经浸种催芽的种子播种后出苗快而整齐。

每 667 米^2 用种量为 100~150 克。将适量辣椒种子浸入 55℃左右的温水中,并不断搅拌,待水温下降至 30℃时停止搅拌,再浸泡 8~12 小时,使种子吸足水分,然后出水,沥干水分,用纱布包好,外面再包上浸湿的麻袋片或毛巾,置盆钵内进行催芽。催芽温度为 30℃,催芽过程中要常翻动种子包,每天用温水淋洗,使其受温均匀,经 4~5 天后出芽达 60%~70%时即可播种。催芽温度的控制,有条件的地方可使用恒温箱,如无恒温箱,可将种子包好放置火炉旁或加温温室的火道上。种子质量好,出芽快而且整齐。芽出齐后,如有特殊原因,需延迟播种期时,将温度降低至 5℃~10℃为好。

5. 播 种

适宜的播种期是定植期减去育苗的苗龄推算出的日期。我国各地气候差异大,定植期不同,故播种期也不同。部分地区辣椒的播种及定植期见表 1。

四、辣椒露地栽培技术

表1 部分地区辣椒的播种期及定植期 （月/旬）

地　点	播种期	定植期	采收期
广东、广西、云南	9/中	11/上	1/下～2/上
杭　州	10/下～11/上	4/上	6/上～7
上　海	11/中～12/上	4/上中	6/上～7
北　京	1/中～1/下	4/下	6/中～9/下
大　连	2/上	4/下～5/上	6/下～9/下
辽　宁	2/中	5/中	7/中～9
吉　林	3/中	5/下	7/中～9
哈尔滨	3/上中	5/下	7/中～9

此外，确定播种期还要考虑育苗的设施和技术。如用加温温室育苗，幼苗生长迅速，播种期可以比不加温温室或阳畦育苗稍晚。

播种前，育苗床内先灌水，使床十含有充足的水分，以供给种子发芽出苗。这次灌水量，北方地区一般要求水渗透到30厘米左右的土层，南方地区湿度大，渗至16厘米左右即可。如用育苗盘播种，将装好营养土的育苗盘用喷壶浇透为止。待水渗下后，在苗床或育苗盘中薄薄地撒一层过筛的细土，随即均匀地撒播已催好芽的辣椒种子（不要过密），播后覆盖厚0.5～1厘米的细土或营养土。覆土要均匀，厚薄要适宜。如覆土过薄，苗床内水分蒸发过快，土壤易干燥，影响种子发芽出苗，而且覆土过薄，上壤压力小，幼苗出土时种皮不易脱落，造成"戴帽"出土，使子叶不能顺利展开而妨碍光合作用，使幼苗营养不良，成为弱苗。覆土后盖上塑料薄膜，以保持温度和提高地温。当 70% 的种子发芽出土后,揭除覆盖的薄膜。

6. 育苗床的管理

育苗床的温度管理是培育壮苗的关键。种子发芽出土时期应保持比较高的温度,这样出苗整齐。白天温度 30℃左右,夜温以 18℃~20℃为宜。当幼苗出齐、子叶展平后,为防止幼苗徒长,要适当降低温度,白天降至 25℃~27℃,夜温降至 17℃~18℃,以保证子叶肥大并呈绿色,叶柄长短适中,生长健壮。在阳畦播种,夜温下降快,幼苗不易徒长。如日温低于 15℃、夜温低于 5℃时,在短期内辣椒幼苗会停止生长,时间长就会出现死苗现象,应采取加盖草苫等加温或保温措施。分苗前 3~4 天,应降低温度,白天加强通风,日温控制在 25℃左右,夜温 15℃左右,对幼苗进行低温锻炼,以利于分苗后的缓苗。

注意调节育苗床的湿度。辣椒幼苗根系很小,吸收能力弱,苗床内既要有充足的水分,又不能过湿。在阳畦或日光温室中育苗,因为温度低,蒸发量小,播种前的底水一般足以维持到分苗以前的水分需要,此期苗床无须灌水,但要覆 2~3 次湿细土,以防止苗床板结和填盖幼苗出土时造成的床土裂缝。覆土要选晴天中午温度较高时进行,每次覆土厚度以 0.5 厘米为宜,不应过厚。在加温温室中育苗,由于温度较高,蒸发量大,除通过覆湿细土保持土壤湿度以外,如床土过干,还可适当用喷壶浇水,但不宜过大,因为苗床地温低,如果湿度过大,容易发生苗期猝倒病等病害。若苗床湿度太大,可撒盖干细土或干草木灰吸潮,同时加强通风换气,以减少土壤水分。空气湿度大时,薄膜上多凝结水珠,应及时擦干,防止水珠落入苗床土内。

7. 分 苗

(1)分苗的作用 随着辣椒幼苗的生长,为防止幼苗拥挤,需将幼苗移植到新设置的苗床中去,这一措施称为分苗。分苗主要是为扩大幼苗株间距离,改善幼苗的光照条件,使幼苗有足够生长发育的空间,并可减少病虫害的发生。分苗对幼苗本身还有一个积极作用,即分苗时主根被切断,可促进发生更多的侧根,并使根系比较集中地分布在主根附近的土壤中,定植时可减少根系的损伤,定植后缓苗快。当然,分苗也有一定的副作用,起苗时造成的伤害,可使幼苗生长暂时停滞几天,因而延长了育苗时间。但总地看,分苗的优越性较多,是一项不可缺少的措施。

(2)分苗前的准备 辣椒幼苗2~3片真叶时,即需进行分苗。分苗前要准备好分苗床、营养土。营养土的配制与育苗床相同。为保护根系,力求定植时少伤根。近年来,辣椒分苗,多采用各种营养钵或营养土方分苗。具体方法有以下几种。

①塑料钵分苗 把营养土装入塑料钵内。塑料钵有各种规格型号,辣椒分苗一般用上口径10厘米、高10厘米、下口径8厘米规格的较为合适。塑料钵底部有一圆孔,用于排水。塑料钵有固定形状,较耐用,装营养土方便,但成本稍高。

②纸筒分苗　纸筒直径约 10 厘米。取口径约 10 厘米的罐头筒,在底部中央焊上 1 个把,将旧报纸裁成 35 厘米×17 厘米的纸条备用。将营养土装入罐头筒内,用报纸条对齐筒的下端后绕筒身裹起来,报纸条高出筒上端 5 厘米左右,齐筒缘向内折封住筒口,倒转后拔出罐头筒即可。在苗床内摆放时,各纸筒要相互挤紧,以免纸筒散开。用纸筒分苗成本较低。

③无底塑料薄膜钵分苗　用直径 8～10 厘米的筒状塑料薄膜,剪成 8～10 厘米长,装入营养土,在苗床内码放整齐。其成本低,购买方便,但由于塑料薄膜较薄,没有固定形状,装营养土较困难,操作费工。

④营养土方分苗　营养土方制作有两种方法:一是和泥制作营养土方,在分苗当天,将营养土掺水和成泥,在整好的畦底先薄铺一层细沙或灰渣作为隔离层,再将和好的泥平铺在畦内,厚约 10 厘米,切成 10 厘米见方的泥块,在每一泥块的正中戳一小穴,将辣椒苗栽入穴内,最好是随栽随做穴。二是干制营养土方。将整平的畦踩实,撒一层细沙或炉灰或草木灰,再铺一层营养土,厚约 10 厘米,踏实,搂平。分苗前灌水,水渗下去后切成 10 厘米见方的土块,用木棍在每块中央戳一小穴,将辣椒苗栽入穴内。

(3)分苗方法　辣椒幼苗有 3～4 片真叶时分苗。如分苗太晚,苗床拥挤,光照不足,互争水肥,易引起子叶黄化脱落或幼苗细弱徒长。

分苗前 1 天,要浇起苗水,以便于起苗,减少伤根,加速分苗后的缓苗。起苗时要尽量少伤根,将苗栽入事先准备好的营养钵或营养土方中,每穴栽 2 棵。栽好后浇水,不要大水漫灌,以浇透营养钵为宜。

分苗也可直接栽入分苗床,株、行距以 10 厘米×10厘米为宜。要求浅栽,使子叶露出地面,栽后灌水,水不宜太大。有的地方采用"坐水分苗法",即先按行距开沟,用水勺浇水,按穴距分苗,水未渗完,苗已栽齐,然后覆土封沟。此方法土面不易板结,因灌水量少,有利于提高地温。

分苗应选晴天的上午 10 时至下午 3 时进行。在阳畦内分苗时,应边分苗边将塑料薄膜盖严,以保持土壤湿度和空气湿度。塑料薄膜上面加盖覆盖物保温,防止日晒致使幼苗萎蔫。

8. 分苗床的管理

分苗后 1 周内,为促进根系恢复生长,要保持较高的地温,适温为 18℃～20℃。如地温低于 16℃,则生根很慢;长时间低于 13℃,则停止生长,甚至死苗。白天气温要求 25℃～30℃。约 1 周后幼苗新叶开始生长时,表明幼苗已开始发生新根,这时应逐步适当通风降温,以防止幼苗徒长。辣椒的叶片对温度极为敏感。温度偏低时生长缓慢,节间细短,叶色淡绿,叶片较小;温度偏高时生长过速,节间长,叶片大而薄;温度适宜时生长适中,节间短粗,叶片大而肥厚,深绿色、有光泽,表明达到了壮苗的标准。

定植前,为增强幼苗对早春低温等不良环境条件的适应性,要对幼苗进行低温锻炼。定植前 10～15 天,白天气温降低至 15℃～20℃,夜温降至 5℃～10℃。在幼苗不受冻害的限度内,应尽量降低夜温,但低温锻炼要逐步进行,不可骤然降低温度,以免幼苗受冻害。白天逐步揭开覆盖物,加大通风量,定植前 3～5 天夜间揭除覆盖物,使幼苗所处条件与露地一致。

分苗床的肥水管理也是培育壮苗的关键措施之一。分苗后幼苗未长出新根之前不宜灌水。一般在新叶开始生长时,由于气温逐渐升高,床土水分蒸发较快,土壤稍干,应适当浇水。在幼苗定植前 15～20 天还应追肥 1 次,追施以氮肥为主的化肥或三元复合肥,可随灌水施入。如苗床基肥不足,底部叶片发黄脱落时,更应追肥和灌水。每次灌水后均要及时中耕。第一次中耕要深透,使土松软;第二次中耕要浅,因为此时幼苗根系已在土层铺开,深耕会伤根。

这一阶段,外界光照强度逐渐增强,光照时间也逐渐延长,幼苗对光照要求也越来越高,可通过早掀、晚盖苗床上的覆盖物来延长幼苗的受光时间。特别是阴天,不能因为气温低而不掀开覆盖物,只要幼苗不受冷害,阴天照样要掀开覆盖物。否则,幼苗在低温而又无光照的条件下,只有呼吸消耗,没有光合作用,就会导致生长不良,并引起各种苗期病害。

9. 囤　苗

辣椒幼苗在分苗床中(不用营养钵)分苗,于定植前需进行囤苗。即在定植前 4～6 天,先在苗床内充分浇水,浇后第二天起苗,将带土坨的幼苗整齐地码入苗床,土坨之间相互间距要小,并覆盖一些细干土,防止土壤水分蒸发。起苗后原地囤苗3～5天,再定植到露地上。囤苗的目的是为了促进发生新根,因为起苗时切断了根系,在囤苗中幼苗可以长出许多新根,定植到露地上可以加速缓苗。但囤苗时间不宜过长,否则土坨干硬,叶片脱落,根系老化,反而对定植后的缓苗不利。

用营养钵育苗,在苗床中因放置位置不同所受的光照和温度也不同,会造成幼苗生长不一致。因此,定植前需要搬动几次,将大小幼苗的位置对调,使幼苗生长整齐一致。

10. 无土育苗

为了防止苗期病害的发生及节省人工,近年来,从国外引进一种塑料育苗盘,其规格(长×宽×高)为55厘米×27厘米×5厘米,盘内共分为72个空格(北京市农林科学院蔬菜研究中心有售)。该育苗盘内不用土和农家肥为育苗基质,而是用草炭土和蛭石,以3:1的比例混合后作为育苗基质。将混合好的育苗基质装入育苗盘内,将多个装有基质的育苗盘垒在一起,上加一块木板,稍用力向下按,由于重力使每个育苗孔上部都有一个下陷的坑,然后将辣椒种子点播于育苗孔内,每孔可播2～4粒种子。可直接播干种子,也可播浸种催芽后的种子,播后上面覆盖蛭石,使之与育苗盘平齐即可。然后用喷壶浇透水。在育苗盘上覆盖塑料布,保温保湿,促进出苗。幼苗出土后将塑料布掀去,苗出齐后可根据不同要求每孔内留1～2棵苗。

用这种育苗盘育苗,其营养和水分管理与常规育苗有所不同。因为草炭土和蛭石中的营养不能满足幼苗生长的需要。因此,在幼苗生长至3～4片真叶以后,需要浇灌营养液。可浇1次营养液后间隔浇1次清水。营养液可用尿素和磷酸二氢钾配制,浓度为每升水加尿素2克和磷酸二氢钾2克。草炭和蛭石保水性能比土差,因此浇水次数要比常规育苗多,避免育苗基质太干而影响幼苗生长。温度管理与常规育苗相同。

用72孔育苗盘育苗,因其育苗基质的改变,可以大大减轻苗期土传病害的发生。同时,因其不用分苗,待幼苗长大后可直接定植于露地,节省了分苗人力。定植时,用拇指和食指捏住茎的基部,往上一提,一棵根系保护很好的完整幼苗即可从育苗孔中提出,定植于田间,不用缓苗,很快就可继续生长。此外,因其基质轻,搬运方便,占地面积小,这种育苗方式推广很快。

(三)定　植

辣椒根系弱,入土较浅,生长期长,结果又多,所以要选择地势高燥、土层深厚、排水良好、中等以上肥力的沙质壤土栽培。为预防病虫害,切忌与茄果类蔬菜连作。种植地块秋季深耕晒垡。春季解冻后铺施基肥。基肥可用厩肥、秸秆、人粪尿混合堆沤。每667米² 需施基肥5 000千克以上。铺基肥后耕翻、整地做畦。辣椒栽培多采用宽窄行垄栽。宽窄行垄栽,既有利于植株提早封垄,又有利于通风透光,还便于田间操作。按东西向开沟,沟距 80～100 厘米,开沟后在沟内施肥,每 667 米² 施优质农家肥 1 000～1 500 千克、过磷酸钙 30 千克。用锹将肥料与土掺匀。沟内集中施肥,以利于促进植株早期迅速生长。

定植时每沟栽 2 行,行距 33～40 厘米,穴距 26～33厘米,每穴 2 株,每 667 米² 植 8 000～10 000 株(图 5)。

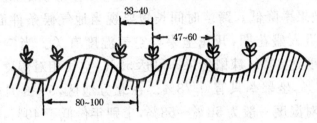

图 5 辣椒宽窄行定植示意图 (单位:厘米)

辣椒的定植期因各地气候不同而异,原则是当地晚霜过后及早定植,10 厘米地温稳定在 15℃ 左右即可定植。适时及早定植,可使辣椒植株在高温干旱季节到来之前充分生长发育,为开花坐果打下基础。如定植过晚,在高温到来之前植株尚未封垄,致使地温过高,影响根系生长,吸收能力减弱,进而使植株生理失调,可诱发病毒病,严重影响产量,甚至绝产。

(四)定植后的管理

1. 定植后至盛果期以前的管理

这一阶段以营养生长为主。刚定植的幼苗根系弱,外界气温低,地温也低,因此定植时浇定植水量不宜过大,以免降低地温,影响缓苗。浇定植水后要及时中耕松土,提高地温,促进根系生长。经 8～10 天,再浇第二次水,并进行深中耕(约 7 厘米),近根处稍浅,距植株远处要深,有提高土壤通透性和提升地温的作用。浇第二次水以后要适当蹲苗,即适当控制水分,促使根系向纵深发展,达到根深叶茂。此时如肥水过多,容易引起植株徒长,坐果率降低。蹲苗时间长短要视当地气候条件而定。辣椒进入盛花期,开花坐果与空气湿度有关。当空气相对湿度达 80%,辣椒坐果率可达 52%;空气相对湿度下降至 22%,坐果率只有 0.78%。在北方地区,5～6 月份空气相对湿度一般为 50%～58%,个别年份低于 40%,对辣椒坐果影响极大。因此,蹲苗期不能太长,及时浇水不仅增加土壤湿度,也可增加田间的空气湿度,有利于开花坐果。第一层果实达到 2～3 厘米大小时,植株茎叶和花果同时生长,要及时浇水和追肥,每 667 米² 施腐熟人粪尿500～1 000 千克,或硫酸铵或尿素 10～15 千克。施肥后应及时中耕,改善土壤的通透性,并提高土壤的保肥能力。

2. 盛果期的管理

进入盛果期,植株生长高大,此期发棵和结果同时进行。为防止植株早衰,要及时采收下层果实,并要加强浇水追肥,保持土壤湿润,以利于植株继续生长和开花坐果。进入雨季,植株封垄以前,应进行培土,以防止雨季植株倒伏;同时,也能降低根系周围的地温,有利于根系发育。结合培土，可以追施优质农家肥，如饼肥、麻酱渣等。辣椒定植栽在沟内，培土后原来的沟成为垄，而垄背则成了沟(图6)，但培土不可过高，以 13 厘米左右为宜。培土时要防止伤根。培土后及时浇水，以促进发棵，争取在高温到来之前植株封垄。在南方地区，高温季节来到之前，为保护根系，可在畦面覆盖一层稻草或麦壳，以降低地温。

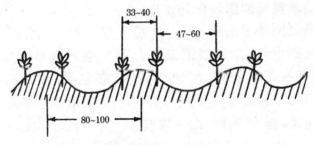

图 6　辣椒宽窄行定植培土后示意图　(单位：厘米)

3. 高温雨季管理

　　南方 6 月下旬至 9 月上旬、北方 7 月至 8 月中旬是高温干旱或多雨季节，光照强度高，地表温度常超过 38℃，甚至出现 50℃ 以上高温。地表温度过高会抑制辣椒根系的正常生长。这时期要保持土壤湿润，浇水要勤浇、轻浇，保护辣椒根系越夏，以利于高温过后恢复植株生长，出现第二次开花坐果高峰。

　　辣椒根系怕涝，忌积水。雨季中土壤积水数小时，辣椒根系就会窒息，植株萎蔫，造成沤根死秧。轻者根系吸收能力降低，导致水分失调，叶片黄化脱落，引起落叶、落花、落果。因此,雨季前要疏通排水沟,使雨水及时排掉。暴晴天骤然降水或久雨后骤晴,都易造成土壤空气减少,引起植株萎蔫。因此,雨后要及时浇清水,随浇随排,以降低土壤温度,增加土壤通透性,防止根系衰弱。

雨季土壤营养淋失较多,7月上中旬要重施1次化肥,每667米² 施硫酸铵20～25千克。雨季高温,杂草丛生,要及时清除杂草。

4. 结果后期缓秧复壮管理

高温雨季过后的8～9月份气候凉爽,日照充足,适合辣椒的生长,是辣椒第二次开花坐果的高峰时期。所以,要加强肥水管理,促使发新枝,多结果,增加后期产量。追肥可与浇水交替进行,浇1～2次清水后追施1次速效化肥,每667米² 施硫酸铵10～15千克。每隔7～8天浇1次水,9月份以后天气转凉,可追施稀粪水,往后浇水间隔时间应延长。生长良好的植株,秋后产量可占总产量的30%～35%。

(五)采 收

甜椒及半辣型辣椒一般多食用青果。开花后25～30天,果实充分长大,绿色变深,质脆而有光泽时即可采收。辣椒属陆续开花结果作物,需分批分次采收,下层果实应及早采收,以免坠秧,影响上层果实的发育和产量的形成。干制辣椒要待果实完全红熟后再采收,红一批收一批。

五、辣椒地膜覆盖栽培技术

（一）地膜覆盖的效果

地膜覆盖,就是将厚度 0.015～0.02 毫米的聚乙烯或聚氯乙烯薄膜盖于畦面,以提高土壤温度,保持土壤水分,加速根系及地上部植株生长发育,使蔬菜提早成熟,增加产量,提高品质。近年来,地膜覆盖栽培发展迅速,在蔬菜生产中应用非常普遍。

辣椒尤其是甜椒春季露地栽培近年来普遍减产。其原因是早春定植后地温偏低,根系发育不良,植株生长缓慢;高温季节来到时植株尚未封垄,地表温度高,根部容易木栓化,吸水吸肥能力降低,生长失调,引起落花、落果、落叶,植株抗病能力降低,易发生病毒病。而早春辣椒露地栽培覆盖地膜,可以明显地提高地温,克服由于地温低而引起的所有危害,保护辣椒的根系,促进植株生长。所以,地膜覆盖栽培对辣椒的早熟丰产效果是十分明显的。

1. 提高地温

地膜覆盖最显著的效果是提高地温。春季定植初期,覆盖地膜后,10 厘米地温比不覆盖地膜的提高 3℃～6℃,最多可提高 11℃。这对早春辣椒定植后根系的恢复和生长极为有利。根系活力强,可促进植株地上部的生长。在高温干旱气候来到之前,植株已经封垄,阳光不能直射地面,可使地温下降 0.5℃～1℃,最多可降低 3℃～5℃,从而保护了辣椒的根系,使植株不至于因高温干旱而过早衰弱,并增强了对各种病害的抵抗能力,最终促进辣椒早熟并提高产量。

2. 保持土壤湿度

地膜覆盖可以减少土壤水分的蒸发,使土壤含水量比较稳定,在辣椒整个生育期可减少灌水次数。早春灌水次数少,可以提高地温。减少灌水次数,还可以防止土壤养分的流失;同时,由于覆盖地膜不直接在地表浇水,所以畦土不会板结,土壤疏松,容重轻,团粒结构好,土壤通透性也好。

由于覆盖地膜后土壤潮湿、地温增高,有利于土壤微生物的繁殖,能加快腐殖质的分解,可使土壤内速效氮素增加 50%,速效性钾增加 20%。

3. 减少劳力投入

由于覆盖地膜后减少了灌水次数,并可减少中耕,防止杂草丛生,因而可减少灌水、中耕、除草的劳力投入。

4. 减少病虫害

地膜覆盖使土壤水分的蒸发受到抑制,田间的空气湿度降低,减少了因湿度过高而引起的病害(辣椒疫病等)。薄膜的反光对驱除蚜虫的效果也较明显,因而可减少由蚜虫传毒引起的病害。

（二）辣椒地膜覆盖栽培技术要点

1. 品种选择

地膜覆盖栽培无特殊的要求,露地栽培采用的品种,一般都可用于地膜覆盖栽培。

2. 育 苗

辣椒地膜覆盖栽培的育苗技术,其方法、时期和步骤,大体与露地栽培的育苗技术相同。但要充分发挥地膜覆盖栽培的作用,培育健壮的幼苗。最好采用温室育苗,并采用营养钵或营养土方育苗,以保护根系不受损伤;在苗期管理上,通过温度的调节控制幼苗生长速度,培育壮苗。定植时不但幼苗健壮,而且带有小花蕾;定植后在地膜覆盖的良好小气候条件下,幼苗能很快恢复生长,促进早熟。

3. 定植前的田间准备

定植前的田间准备,是地膜覆盖栽培的一个关键环节。它包括整地、施肥、做畦、铺膜等,以创造耕层深厚、水分充足、肥沃、疏松的土壤环境,然后盖上地膜保护这个环境不被破坏,并进一步发挥这些良好条件的作用。

（1）施肥 在春季整地前,采取全面铺施和沟施相结合的施肥方法,铺施定量的2/3农家肥,另外1/3沟施,把土肥充分混匀,以确保辣椒各生育期对肥料的需求。每667米^{2}可沟施尿素 15～20 千克、磷酸二氢钾 15～20 千克。

（2）整地做畦 整地质量是地膜覆盖栽培的基础。

在充分施用农家肥的前提下,提早并连续进行耕翻、灌溉、耙地、起垄等作业。耕地前先清除前茬秸秆及其他杂物,耕地后如墒情不好则应进行灌溉,待地表见干后立即耙平、碎土,紧接着起垄,随即铺盖地膜。

辣椒多采用垄栽,垄的高度一般不超过 15 厘米。过高会影响灌水,不利于水分横向渗透;过低则影响地温的升高。

垄向一般以南北方向延长为宜,东西向延长光照不均匀,地表温度北侧比南侧低。

(3)铺膜 整地做畦之后,要紧跟着进行铺膜作业,这样有利于保持土壤水分。人工铺膜作业最好 3 人 1 组。首先在垄头将薄膜用土压紧,然后由 1 人将薄膜展开,并拉紧薄膜使其紧贴地面;另 2 人将膜的两侧用土压严。这样,才能充分发挥地膜保水、增加地温、抑制杂草生长的作用。

垄沟底一般不覆盖薄膜,留作灌水和追肥用。覆盖地膜的面积占 60%～70%。

在覆盖薄膜之前,要根据垄宽选择适合幅宽的薄膜,以免浪费。辣椒高垄栽培一般选用 90 厘米宽的地膜。

4. 定 植

辣椒地膜覆盖栽培有两种定植方法:一是先铺膜后定植,二是先定植后铺膜。这两种方法各有优缺点。先定植后铺膜,是栽苗后灌水,待地面稍干后,按幼苗位置的需要,将薄膜切成"十"字形的定植孔,然后让秧苗从定植孔处穿过,再将薄膜平铺于垄上,四周用泥土压紧。这种方法定植的速度较快,但容易碰伤幼苗的叶片,也不容易保持垄面的平整。先铺膜后定植,是按株、行距用刀划出定植孔,将定植孔下的土挖出、栽苗,再将挖出的土覆回,压住定植孔周围的薄膜即可。

辣椒地膜覆盖的株、行距与不覆膜的相同,但由于覆盖地膜后植株无法培土,故植株应栽在垄背上而不栽在沟内(图7)。

图7　辣椒地膜覆盖栽培示意图

地膜覆盖并不能避免晚霜或者低温对幼苗的危害。因此,地膜覆盖与无地膜覆盖的幼苗定植期都应该是一样的。

5. 定植后的管理

辣椒地膜覆盖栽培与无地膜覆盖栽培定植后的管理有许多不同之处,应加以注意。

(1)水分管理　地膜覆盖可以抑制土壤水分的蒸发。因此,在辣椒生长前期,灌水量要比无地膜覆盖的少。由于地膜覆盖促进了植株的生长发育,植株高大,特别是叶面积大,加大了水分的蒸腾量。所以,在辣椒生育中期以后,灌水量和灌水次数应稍多于无地膜覆盖栽培的,否则植株易遇旱害而早衰。

(2)肥料管理　在辣椒生长期,由于地膜覆盖,不便于追肥,可用磷酸二氢钾、尿素等进行叶面喷肥。在辣椒生育后期,为避免缺肥,要注意揭膜或把膜划破,进行灌水追肥。

(3)中耕除草　地膜覆盖栽培,可不进行中耕除草。在一般情况下,如能保证整地、做畦和覆膜的质量,其膜下土壤表面温度可达 40℃～50℃,大部分杂草生长受到抑制。为彻底消灭杂草,定植前可在畦面上喷洒除草剂,浓度要比露地栽培的降低 1/3。

(4)搭架支撑　地膜覆盖栽培辣椒,由于地上部分生长旺盛,土壤疏松,加上生长期不能培土,因而往往容易发生倒伏,应及时搭架支撑。在栽培上应少施氮肥,适当增施磷、钾肥,控制灌水量,以防地上部徒长。

(5)薄膜的保护　辣椒幼苗定植后,覆盖在畦面上的薄膜常常因风、雨及田间操作等原因遭到破坏,有的膜面出现裂口,有的垄四周跑风漏气,造成土壤水分蒸发,地温下降,失去地膜覆盖的作用。因此,在进行各种田间操作时,要保护好薄膜,一旦发现破裂,要及时用土压严。在大风多的地区,应设置风障防风。

六、辣椒塑料大棚栽培技术

(一)塑料大棚的结构类型

1.竹木结构大棚

竹木结构大棚是由立柱、拱杆、拉杆、压杆组成大棚的骨架,架上覆盖塑料薄膜而成(图8)。这种大棚的优点是使用材料简单,可因陋就简,容易建造,造价低。其缺点是竹木易朽,使用年限较短;又因棚内立柱多,遮阴面大,操作不便。

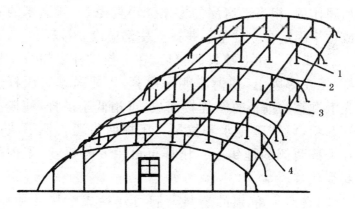

图8 塑料大棚骨架各部位名称

1.立柱 2.拱杆 3.拉杆 4.吊柱

(1)立柱 是大棚的主要支柱,承受棚架、塑料薄膜的重量。竹木柱的直径 5～8 厘米。立柱基部要用砖、石或混凝土墩代替"柱脚石"。立柱埋深 50 厘米左右,埋土后夯实。目前应用较多的为 6 排柱。一栋宽 15 米、长 45 米的大棚,横向 6 柱,为中柱 2 根、腰柱 2 根、边柱 2 根。两根中柱间隔 2 米,腰柱与中柱间隔 2.75 米,边柱距腰柱 2.75 米。纵向立柱间隔 3 米,两柱之间每隔 1 米立 1 根长 20～30 厘米的吊柱,固定在拉杆上,用以支撑拱杆。

(2)拱杆　是支撑塑料薄膜的骨架,横向固定在立柱或吊柱上,呈自然拱形。两端埋入地下,深 30～50 厘米。拱杆每间隔 1 米设 1 根。用直径 4 厘米左右、长 4～6 米的竹竿或竹片绑接而成。

(3)拉杆　是纵向连接立柱的横梁,对大棚骨架整体起加固作用,相当于房屋的檩木。用直径 5～6 厘米的木杆或竹竿固定在立柱上。每排立柱都应设立拉杆。

(4)压杆　扣上塑料薄膜后,在 2 根拱杆之间放 1 根压杆,压在薄膜上,使薄膜绷平压紧,不能松动。压杆选用光滑顺直的细长竹竿连接而成,可稍低于拱杆,使棚面呈瓦垄状,以利于排水和抗风。压杆两头埋入地下或固定在大棚两侧的地锚上。压杆也可用 8 号铅丝、聚丙烯塑料绳代替。

(5)覆膜　单幅的塑料薄膜可焊接成整块的薄膜。如果 1 个棚仅覆盖一整块塑料薄膜,可用两侧底边作为通风口;如覆盖 2 块,则早期通风口设在顶部薄膜衔接处;如覆盖 3 块,则早期的通风口在棚的两肩部薄膜衔接处。四周接地面处至少要留出 30 厘米宽埋入土中,以固定薄膜。

2. 竹木水泥混合结构大棚

这种大棚的结构与竹木棚相同。为使棚架坚固耐久,并能节省钢材,有的棚是竹木拱架和钢筋混凝土柱相结合,有的棚是钢拱架和竹木或水泥柱相结合。这种棚减少了立柱数量,因而可改善作业条件,但造价略高。

3. 组装式钢管结构大棚

这种大棚用镀锌薄壁钢管配套组装而成,由工厂进行标准化生产,成套供应使用单位。目前,我国生产的有8米、7.5米、6米、5.4米等不同跨度的大棚。这种棚结构合理,外形美观,安装拆卸方便,但投资较多。

(二)塑料大棚的性能

1. 温　度

塑料大棚有明显的增温效果。白天大棚的热量主要来自太阳直射光。太阳短波辐射在大棚的表面,一部分被反射,一部分被吸收,有75%~90%进入大棚内,大棚积聚大量的热能,使地面接收大量的热能,因而可使土壤升温。夜间大棚没有太阳光辐射,而由地面向棚内辐射,这种辐射为长波辐射,碰到薄膜又返回棚内,使棚内保持一定的温度。大棚的这种保温性能称为"温室效应"。

塑料大棚内温度随着外界气温的变化而升降。因此,塑料大棚内存在着明显的季节温差和昼夜温差。早春时期,大棚内升温的幅度为3℃~6℃。气温在-4℃~-5℃时,棚内的辣椒就会出现霜冻。初夏棚内增温效果

可达 6℃～20℃。外界气温达 20℃ 时,棚内气温可达
30℃～40℃,此时如不及时通风,极易造成高温危害。大
棚白天温度变化和天气阴晴有关,晴天增温效果好,阴天
增温效果差。在大棚关闭不通风时,上午随日照加强,棚
温迅速升高,春季上午 10 时后升温最快,上午 12 时至下
午 1 时达最高温,下午日照减弱,棚内开始降温,最低温
度出现在黎明前。

　　塑料大棚的增温效果还与棚体的大小、方位等有关。
在一定的土地面积上,棚越高大,光照越弱,棚内升温越
慢,棚温越低。这与大棚的保温比有关。保温比的公式
如下:

$$保温比=\frac{大棚占地面积}{大棚表面积}$$

　　大棚的保温比值,一般在 0.75～0.85。保温比值越
大,保温性能越好;反之,则保温性能差,夜间降温也快,
温差大,气温不稳定。

　　温度与大棚方位也有关。冬季(10 月份至翌年 3 月
份)东西向大棚比南北向大棚透光率高 12%。3 月份以
后,由于太阳照射角度的变化,南北向大棚的透光率高于
东西向大棚的 6%～8%,但东西向大棚的北侧受风面较
大,对温度和棚体的稳定都有一定的影响。如在北侧架
设风障,则可加强保温增温效果。

　　塑料大棚的增温效果与塑料薄膜种类也有关。目
前,常用的农用塑料薄膜为聚氯乙烯薄膜和聚乙烯薄膜。
聚氯乙烯薄膜保温性能较好,比聚乙烯薄膜平均提高温
度 0.6℃,而且耐老化,但易生静电,吸尘性强。聚乙烯薄

膜的红外线、紫外线透过率高于聚氯乙烯薄膜,故升温快,同时又不易吸尘,棚内水滴较少。

2. 光　照

塑料大棚的透光性能较好,阳光透过薄膜后就成为散射光。因此,垂直光照程度都是高处强,越近地面光照越弱。由上至下,光照强度的垂直递减率为每米10%左右。大棚内水平照度差异不大。就一天的光照强度来说,南北延长的大棚,上午东强西弱,下午西强东弱,南北两头相差无几。

由于建棚所用材料不同,其遮阴面的大小也有很大差异。一般竹木结构大棚的透光率比钢架大棚少10%左右。钢架大棚的透光率比露地减少28%,而竹木结构大棚减少达37.5%。棚架材料越粗大,棚顶结构越复杂,遮阴的面积就越大。

薄膜的透光率因质量不同差异很大。最好的薄膜透光率可达90%,一般薄膜为80%~85%,较差的仅为70%左右。薄膜透过紫外线及红外线的能力比玻璃强。但薄膜受太阳紫外线照射及温度的影响,会老化变质,因而透光性减弱,使薄膜的透光率下降20%~40%。薄膜上的灰尘和水滴也会大量降低透光率。因此,在大棚生产期间要防止灰尘污染和水滴积聚,必要时要洗刷棚面。

3. 湿　度

由于薄膜不透气,棚内土壤和作物蒸发的水分难以散出,所以棚内湿度较大。如不通风,棚内空气相对湿度可达70%~100%。棚内温度越高,湿度越低,大约温度每升高1℃,空气相对湿度下降5%左右。从一天的变化来看,白天棚内湿度小,夜间湿度大甚至达到饱和状态。棚内湿度过大,是由于浇水和低温结露而引起的。为降低棚内湿度,除了注意通风排湿以外,还可以采取铺地膜、改变灌溉方式、加强中耕等措施,防止出现高温高湿和低温高湿现象。

(三)辣椒塑料大棚栽培技术要点

利用塑料大棚栽培辣椒,其成熟期比露地栽培提早30~40天。管理得好,能在露地条件下度过炎夏。秋季继续扣棚,可一直生长到秋末冬初,果实采收期比露地栽培延伸20~30天。高产棚每667米² 产量可达10吨。实践表明,塑料大棚栽培辣椒能早熟、产量高,其产值远远超过露地栽培。因此,近年来辣椒塑料大棚栽培面积发展迅速,尤其在我国北方地区,它已成为辣椒栽培的一种主要形式。我国部分大城市辣椒塑料大棚栽培季节见表2。

表2　我国部分大城市辣椒塑料大棚栽培季节　(月/旬)

城　市	栽培方式	播种期	定植期	收获期	重新覆膜时期
北　京	一年一作栽培	11/下~12/上	3/下~4/上	5/上~11/中	9/中
哈尔滨	一年一作栽培	1/上	4/下~5/上	6/上~11/上	8/下
呼和浩特	一年一作栽培	1/上	4/中	6/上中~10/中	9/上
太　原	一年一作栽培	1/上	4/上中	6/上中~11/中	9/中
上　海	一年一作栽培	11/中	3/下	4/下~12/下	10/下
南　京	早熟栽培	10/下~11/上	3/上	5/上中	—
武　汉	早熟栽培	11/下	3/上	5/上中	—

1. 品种选择

选用抗病性强、耐低温弱光、早熟、株型紧凑、适于密植的品种,是辣椒大棚栽培早熟的关键。引用新的品种,必须首先进行引种试验,试种成功后,方可大面积种植推广。

2. 育　苗

大棚栽培主要目的是争取早熟。定植时不但要求幼苗健壮,而且要求大苗普遍现蕾。一般需要保证 90~110 天的苗龄。从当地适宜定植期向前推算即可确定适宜的播种期。

浸种催芽方法同露地栽培。

大棚栽培辣椒多在温室内播种育苗。催芽后的种子播于育苗盘中,放置在 25℃~28℃处,3~4 天即可出苗。出苗后要降温,白天保持 20℃~23℃,夜间保持 15℃~17℃,以防幼苗徒长;也可在温室育苗畦中播种,播后覆土 1~1.3 厘米厚。为了保持地温,底水最好浇 30℃~40℃的温水。

幼苗 2~3 片真叶时进行分苗,双株栽植在分苗床或营养土方或营养钵中。分苗后的 3~4 天内要升温,以加速缓苗。缓苗后,昼夜可降温 2℃~3℃。定植前 10~15 天,幼苗要加强低温锻炼,加大通风量,温室逐步停火,最低夜温降至 10℃左右,不高于 15℃,以增强幼苗的抗寒性,为定植入棚做准备。

苗期水分管理与露地栽培育苗相似。分苗前一般不浇水,可覆湿细土保墒,以免因浇水而降低地温。分苗后要灌水,以保证幼苗有充足的水分。后期通风量大,幼苗蒸腾强、失水多,应选晴天喷水。

3. 定 植

(1)定植期　辣椒喜温不耐寒,定植期应晚于番茄。要求棚内最低气温1周内稳定在5℃以上、10厘米地温稳定在12℃~15℃才能定植。华北地区定植期一般在3月下旬至4月上旬,东北、西北地区在4月下旬至5月上旬。定植过早,不但有遭受冻害的危险,而且地温太低,根系不生长,会推迟缓苗,对植株生长不利。

(2)定植前的准备　定植前要深翻土地,充分晒土,提高地温。结合翻地每667米² 施优质腐熟农家肥7.5~10吨。根据辣椒根系浅、不耐旱又不耐涝的特点,要求整地做畦要细致、平整。浇水时,水流要快而均匀,排水顺畅。

(3)定植　选择晴天上午定植,可畦栽或沟栽。由于棚内高温高湿,辣椒大棚栽培密度不能太大。种植过密会引起徒长,只长秧不结果或落花,也易发生病害而造成减产。为便于通风,最好采用宽窄行栽培,宽行距约66厘米,窄行距约33厘米,株距30~33厘米,每667米² 定植4 000穴左右,每穴栽2株。

4. 定植后的管理

(1)温湿度管理　辣椒定植后的5~6天内应密闭大棚不通风,棚温保持在30℃~35℃,夜间棚外四周围覆草苫保温防冻,以加速缓苗。缓苗后,开始通风,使棚温降至28℃~30℃,高于30℃要通风降温。辣椒大棚中落花率高,其原因是大棚内温度高、湿度大,花粉粒难以从花粉囊中飞散出来,影响授粉受精。所以,加强通风,可有效地提高坐果率。适宜辣椒生长的空气相对湿度为 50%~60%,土壤相对湿度为 80%左右。若空气相对湿度经常高于 50%~60%,则容易引起植株徒长,导致落花落果。大棚内栽培甜椒,第一个门椒往往坐不住,就是高温高湿所致。一旦第一个果坐不住,养分集中到枝条和叶片的生长中去,将加剧植株的徒长。管理不当,可全株不结一果,形成所谓"空秧"。因此,植株缓苗后,在保持一定的温度条件下,要大胆通风,降低棚内湿度。

开花坐果期适温为 20℃~25℃,需要较大的通风量和较长的通风时间。通风适宜,则植株生长矮壮、节间短,坐果也多。生产中常发现大棚两侧比中部的植株坐果率高,就是因两侧通风条件较好。所以,辣椒一开始开花坐果,就要通底风,夜间外界最低温度不低于 15℃时,昼夜都要通风。进入炎夏高温季节,可将塑料薄膜撤除,如同露地栽培。东北、西北及华北北部高寒地区,夏季冷凉,一般不撤除薄膜,可将大棚四周的薄膜掀起呈天棚状,进行越夏栽培。

(2)肥水管理 辣椒叶片小,水分蒸腾量也小。定植时浇水不要太大,过 4~5 天后浇 1 次缓苗水,连续中耕 2 次,即可蹲苗。缓苗后至门椒采收前,一般不轻易浇水,否则容易落花落果。待第一层果实开始收获时,要加强浇水追肥。辣椒比其他茄果类蔬菜喜肥、耐肥,所以追肥很重要。多追农家肥,增施磷、钾肥,有利于丰产和提高果实品质。盛果期追肥灌水 2~3 次。在撤除棚膜前应灌 1 次大水,以后的管理与露地栽培相同。

(3)保花保果及植株调整　为提高大棚辣椒的坐果率,可用15～20毫克/千克防落素溶液抹花,以增强保花保果效果。上午10时以前抹花效果比较好。扣棚期间共抹花4～5次。

辣椒露地栽培不用搭架,不需整枝打杈,管理上比较省工。但在大棚中生长的辣椒,生长旺盛,株型高大,枝条易折,为便于作业和通风透光,可用聚丙烯绳吊枝或在畦垄外侧用竹竿水平固定植株,以防植株倒伏;同时疏剪过于细弱的侧枝以及植株下部的老叶,以节省养分和通风透光。

5. 越夏措施和秋延后栽培

辣椒采收期长,可延迟采收到晚秋乃至初冬。所以,炎夏过后可对植株进行修剪更新复壮。修剪的方法是把第三层果以上的枝条留2个节后剪去。修剪后要加强追肥灌水,以促进新枝的发育、开花坐果,力争在扣棚前果实都坐住。入秋后,随气温的下降,要再覆盖塑料薄膜,进行秋延后栽培。扣棚时间要因地制宜。扣棚过早,气温太高,不利于其生长;扣棚过迟,气温过低,果实难以成熟。

初扣棚时切忌把全棚扣严,要逐步进行。开始只将棚顶扣上,呈天棚状;随着气温的下降,四周的薄膜夜间也扣上,白天揭开。当外界最低气温下降至15℃以下时,夜间要将全棚扣严,白天中午气温高时,进行短暂的通风,以降低棚内的温度。当外界气温急剧下降后,棚内最低气温在15℃以下时,基本上不再通风,并需在大棚四周加盖草苫,防寒保温,防止冻害,促进果实成熟。

扣棚后,果实膨大期可选晴天追 1 次速效性化肥。以后,由于气温低,通风量少,为避免棚内湿度过大,只要土壤不过分干旱,一般不再浇水。

当外界气温过低,大棚内辣椒不能继续生长时,要及时采收,以免果实受冻。

大棚辣椒除了有与露地辣椒同样的病虫害以外,因其棚内湿度大、温度高,生长后期还易发生叶霉病,要注意防治。

七、辣椒日光温室栽培技术

（一）日光温室内的主要环境变化

1. 光 照

日光温室的设计原则是在冬季尽多截获光能。太阳辐射强度在上午 12 时至下午 1 时达到最大值,天气晴朗时是多云天气时太阳辐射强度的 3 倍以上。日光温室内部是温室外部太阳辐射强度的 50％左右,即平均透过率只有 50％左右。多云天气太阳辐射不足,温室内太阳辐射强度更低,光照强度是影响温度的主要因子。在生产上应尽量采用透明度高的薄膜,经常清洁,并定期更换,以利于透光。

2. 气 温

温室内气温的变化受外界气候条件影响很大。晴天时即使室外气温偏低,室内仍可保持较高温度,增温效果明显;多云天气时,因白天蓄积热量少导致夜间温度较低。温室内气温变化也与温室管理有关,清晨揭开保温被后日光温室内的气温升高较快,下午 1～2 时达到最高,中午打开天窗通风,气温呈波浪式,之后缓慢下降,下午 3 时 30 分以后下降速度加快,覆盖保温被之后下降速度又变缓,直至翌日揭开保温被之前降至最低。如果遇到连续 3 天的阴天,温室内无法蓄热,性能不佳的温室极易发生冻害。

3. 地　温

日光温室内地温日变化为昼高夜低,而且日差异随土壤深度增加而迅速减少,晴天 1 天内,不同土层地温的变化趋势差异较大,阴天则差异不明显。晴天白天气温高于地温的时间段要比多云天气长。晴天土壤表层温度的最高值出现在下午 2 时,比室内最高气温出现的时间晚半小时 ,最低气温出现在早 8 时。土壤的热通量变化情况与土壤表层温度和空气温度直接相关。当土壤表面温度低于空气温度时,土壤表面热通量值为正,土壤处于蓄热过程;反之,为放热过程。天气晴好时的土壤最大热通量约为多云天气的 3 倍。从每天热通量值的变化情况可以得出,晴好天气上午 9 时至下午 4 时为墙体蓄热阶段;多云天气上午 9 时 30 分至下午 3 时 50 分为墙体蓄热阶段,生产中可以根据此结果得出揭盖保温被的参考时间。

(二)日光温室的结构类型和主要结构性能

日光温室是利用太阳辐射提供光能和热能的一种农业生产设施。其主要特点是南面为透光材料结构,北面为保温墙体结构。采用节能型日光温室进行冬季蔬菜生产,是以充分利用太阳辐射能和合理保温为前提,常常不需要加温。一般在北纬 40°以南的低海拔地区,不需要辅助加温。但不排除特殊极端低温天气时需要进行人工辅助加温,以免冻害。

　　日光温室有多种形式。按墙体材料可分为干打垒土温室、砖石结构温室、复合结构温室;按后坡长度可分为长后坡温室和短后坡温室;按前屋面形状可分为二折式、三折式、拱圆式、微拱式温室等;按结构形式可分为竹木结构、钢木结构、钢筋混凝土结构、全钢结构、全钢筋混凝土结构和悬索结构。采用结构形式分类可概括各种温室类型,故生产中多按此对日光温室进行分类。节能型日光温室,对原有日光温室的结构、环境调控技术等进行了全面的改进。节能型日光温室的透光率一般在 $60\%\sim80\%$ 及以上,室内外温差可保持在 $21℃\sim25℃$ 及以上。采用节能型日光温室即使在北方严寒地区的严冬季节,不需加温或稍微加温就可进行辣椒等喜温类果菜生产。

1. 采光角度

　　日光温室后屋顶仰角应在 $35°\sim45°$,前屋面地交角应大于等于 $65°$,脊部水平交角应大于或等于 $12°$(图9)。生产中应综合考虑温室结构强度和可操作性,不同纬度地区和不同跨度温室的后墙高度、脊高度、后屋面水平投影长、据前屋面地脚1米处的拱架垂直高度等,在满足最佳采光角度要求的条件下可有相应的变化。

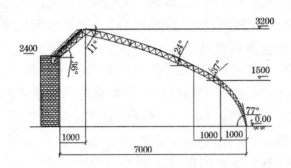

图 9 北京地区节能日光温室的主要技术规格示意图 （单位：毫米）

2. 后墙和山墙结构

目前，北方地区日光温室采用的墙体构造见表 3。

表 3 北方地区日光温室采用的墙体结构

序 号	墙体结构
1	240 毫米 黏土砖＋100 毫米 聚苯板＋120 毫米 黏土砖
2	370 毫米 黏土砖＋100 毫米 聚苯板＋120 毫米 黏土砖
3	370 毫米 黏土砖＋100 毫米 聚苯板＋370 毫米 黏土砖
4	150 毫米 陶粒空心砖＋100 毫米 聚苯板＋150 毫米 陶粒空心砖
5	370 毫米 黏土砖＋60 毫米空心 ＋370 毫米 黏土砖
6	200 毫米 加气砼砌块＋ 100 毫米 聚苯板＋200 毫米 加气砼砌块
7	120 毫米 黏土砖＋700 毫米夯实黏土＋120 毫米 黏土砖
8	2000 毫米夯实土墙

其中序号为 3、6、7、8 的墙体结构其保温效果较好，但也存在一定问题。3 号墙体蓄热性好，但消耗土资源多，成本较高。6 号墙体成本较低，保温性好，但蓄热性

差。7号墙体成本较低,蓄热保温性好,但施工要求较高。8号墙体成本最低,蓄热保温性最好,但土地利用率最低。

3. 前屋面覆盖物

保温覆盖材料是日光温室冬季夜间保暖用的。由于通常只是夜间使用,因此可以不考虑其白天的蓄热能力,主要考察其总热阻的大小即可。此外,保温覆盖材料的防水性能、抗老化性能和经济性也是决定其应用的一些因素。目前主要采用以下几种类型的覆盖物。

(1)稻草苫　稻草苫容易获得,价格相对便宜,且干燥状态下保温性能好,目前仍然是我国北方地区日光温室首选的冬季保温覆盖材料。但是,稻草苫个体制作存在质量不均、防水性能差、使用寿命短以及对薄膜污染严重等缺点。导致劳动强度大、保温能力下降以及薄膜透光率低等问题。因此,研发其他的保温覆盖材料是今后的发展方向。

(2)缝合棉毡保温被　质量为1 000克/米^{2}的棉毡保温被具有很好的保温性能,但是其缺点是防水性能差、机械强度不高等,而且价格较稻草苫高很多,目前在生产中很少使用。

(3)聚乙烯发泡材料自防水保温被　质量为650克/米^{2}的聚乙烯发泡材料自防水保温被具有防水性能好、机械强度高、使用寿命长、质轻柔软和保温等优点。但目前这种保温被价格较高,而且较轻的质量不容易压实,大风天气易受到影响。

(4)针刺毡保温被　针刺毡保温被(里外防水布+针

刺毡)其热阻性能较小,而且针孔较多,防水和防潮性能差。

4. 后坡填充物

大部分日光温室设计有后坡,少数采用无后坡设计。无后坡设计的优点是拱架的负重小,成本较低;缺点是保温性较差,一般需要电动保温被。有后坡设计和无后坡设计的优缺点是互换的。后坡填充物一般是秸秆和干稻草。

(三)辣椒日光温室秋冬茬栽培技术

1. 品种选择

品种选择应考虑辣椒商品市场流向和品种对日光温室的适应性。辣椒日光温室秋冬茬栽培应选择耐低温、弱光,抗病,结果率高的优良品种,如京甜 3 号、国禧 105、中椒 107、国福 308 等。

2. 播种育苗

(1)播种期　北京地区秋冬茬日光温室辣椒栽培,一般在 7 月中旬至 8 月初播种育苗。

(2)播种量　播种量一般为每 667 米² 35~50 克。生产实践中,应根据种子质量、气候条件、播种方式、病虫害发生情况、育苗方式、土壤条件等酌量增加,从而保证一定产量的获得。

(3)种子处理　播种前可将种子摊在簸箕内晒 1~2 天。注意不要将种子摊放在水泥地等升温较快的地方暴晒,以免烫伤种子。先将种子放在常温水中浸泡 15 分

钟,然后转入 55℃～60℃ 的温水中,用水量为种子重量的
5 倍左右。期间要不断搅动以使种子受热均匀,使水温维
持在 55℃～60℃ 保持 10～15 分钟,以起到杀菌作用。之
后,水温降至 28℃～30℃ 或将种子转入 28 ℃～30℃ 的温
水中,继续浸泡 8～12 小时。

(4)催　芽　可选择在恒温培养箱、特制的催芽箱、
催芽室或催芽床上进行催芽。采用潮湿的纱布或毛巾等
将种子包好,包裹种子时应注意使种子保持松散状态,以
保证氧气的供给。催芽温度范围是 25℃～30℃。催芽过
程中,每隔 4～5 小时翻动种子 1 次,进行换气,并及时补
充一些水分。种子量大时,每隔 1 天用温水洗种子 1 次。
一般催芽 80 小时左右,当有 75％ 的种子破嘴或露白时即
可播种。

(5)播　种

①配制营养土　育苗营养土由肥沃的园土、充分腐
熟的堆厩肥或粪肥、煤灰渣、炭化谷壳、河泥、塘泥、砂焦、
草炭等配制而成。园土应选用 1～2 年未种过茄果类、瓜
类蔬菜的土壤。园土宜在 8 月份高温时掘取,经充分烤
晒后,打碎、过筛,再贮存于室内或用薄膜覆盖,保持干燥
状态备用。每立方米营养土加尿素 1～1.5 千克、磷酸二
氢钾 1 千克,混合均匀。目前,生产上多采用 72 孔苗盘,
营养土按草炭∶蛭石为 3∶1 混合后装盘。

②直接播种法　铺好床土,整平床面。播种前 1 天
充分浇足底水(如果是下午播种,也可在上午浇水),播种
时先将畦面耙松,随后将催好芽的种子撒播在畦面上。

为播种均匀,可将催芽后的湿种子拌适量干细土后再进行播种。播种后及时覆一层厚约 0.5 厘米经消毒的营养土,并用洒水壶喷一层薄水,冲出来的种子再用培养土覆盖。温度较高时应覆盖遮阳网。

③育苗盘(穴盘)播种法　播种前先将调整好 pH 值的培养土装入育苗穴盘中,将基质刮平稍压,然后浇水,从外观看以不溢水为准。待水渗透后即可播种。在 72 穴育苗盘中播种多采用点播,播种后覆厚 0.5 厘米左右的干基质并轻轻压紧。再用喷雾器喷一层薄水,使盖籽基质呈湿润状态,最后覆上遮阳网。

(6)苗期管理

①出苗期的管理　出苗期主要是保持较高的湿度和温度,以促进出苗。在出苗过程中,还要防止幼苗"戴帽"出土,如果发现小苗"戴帽"的较多,可喷适量水或撒些湿润的细土。如果"戴帽"苗不多,可以采取人工挑开的办法摘帽。

②破心期的管理　破心期一般 3～4 天,此期管理的关键是由促转为适当的控,以保证秧苗稳健生长。应尽可能使幼苗多见光,但中午光照过强时需用遮阳网遮阴;同时应降低湿度,以防猝倒或诱发病害。因此,在幼苗破心期一定要控制浇水,使床土表面见干见湿。如果遇上连续阴雨天使床土湿度过大,可适当撒些干细土以降低湿度。若发生猝倒病,应及时用 75% 白菌清可湿性粉剂800～1 000 倍液喷洒或灌根。注意及时间苗,以防幼苗拥挤和下胚轴伸长过快而成"高脚苗"。

③旺盛生长期的管理 幼苗破心后,即进入旺盛生长期,一般需 25 天左右。生产中应尽可能增加光照,保证水分和养分供应。但每次浇水量不宜过多,以防床土湿度过大而发生病害。在此期间,如果幼苗出现缺肥症状,可结合浇水喷施 2～3 次 0.1%～0.2%三元复合肥溶液。一般第一次喷的浓度可偏低一些,第二、第三次的浓度可偏高一些。幼苗营养液还可采用尿素 40 克、过磷酸钙 65 克、硫酸钾 125 克、加水 100 升,整体浓度为0.23%。在幼苗中后期易发生立枯病,应及时喷施 75%百菌清可湿性粉剂 1 000 倍液防治。发现表土结壳或床土板结时,应及时用小竹签或铁丝松土。

(7)育苗方式 华北地区日光温室秋冬茬辣椒,育苗场地应选择地势高燥、排水良好的地块,做 1～1.65 米宽的高畦,四周挖好排水沟,畦面每隔 30～50 厘米用竹竿插 50～100 厘米高的拱圆架,其上覆盖塑料膜,但不应将薄膜扣严。若覆盖薄膜同时扣盖遮阳网,则效果更佳。搭棚时要注意覆盖物不宜过厚,一般以遮成花阴凉为宜,覆盖物还应随着幼苗生长逐渐撤去,否则幼苗易徒长。此外,塑料拱棚也是夏季育苗的理想场所。

3. 定 植

定植前结合整地每 667 米² 施腐熟有机肥 6 000 千克、三元复合肥 60 千克、磷酸二铵 60 千克、硫酸钾 60 千克、硝酸钙 30 千克。将肥料深翻入土,与土壤充分混合细耙搂平。采用平畦覆膜栽培,畦面宽 60～65 厘米,畦沟宽 30 厘米,在畦面中间纵开一条深 10 厘米、宽 20 厘米的沟供膜下暗灌肥水。畦面可做成南低北高的微坡形畦面,以增加光照,提高地温。也常采用小高垄覆膜栽培,一般垄宽 70～75 厘米,沟宽约 40 厘米,垄高约 15 厘米,每垄定植 2 行,株距约 40 厘米,每穴单株定植。每 667 米^2 栽苗 2 800～3 000 株。定植时先按行距开约 10 厘米深的浅沟,浇水后栽苗定植后浇大水,以利于缓根发苗。

4. 定植后的管理

(1)温度管理　定植后至缓苗前不通风或通小风,保持高温、高湿环境 7 天左右,以促进缓苗、发棵。缓苗后靠调节通风量来控制温度。随着辣椒进入结果期,外界温度开始下降,要加强保温工作。特别是北方寒冷地区从坐果后至采收阶段要尽可能地增温保温和增加光照,如经常保持清洁棚膜,适当早放草苫保持夜间温度,尽量增加草苫数量或厚度以提高夜温。室内温度白天保持 20℃～25℃,夜间保持 10℃以上。

(2)肥水管理　缓苗后根据土壤墒情,高垄栽培的可膜下浇小水 1～2 次,平畦栽培的轻浇 1 次,然后进行蹲苗。浇水应选在晴天上午进行。缓苗期间用 0.4%磷酸二氢钾溶液进行叶面喷施,以促根发棵。如果苗太弱叶面喷施糖氮液(0.2%尿素加 1%葡萄糖)效果较好。门椒坐果后,结合浇水进行第一次追肥,每 667 米^2 可随水冲施腐熟粪肥 2 000 千克左右,或硝酸铵 15 千克、硫酸钾 8～10 千克。以后每 15～20 天浇 1 次水,春暖后每 7～10 天浇 1 次水,根据情况每隔 2～4 次水追 1 次肥,每次每 667 米^2 随水冲施磷酸二铵 10 千克、尿素 5 千克、硫酸钾

10千克,肥料应交替施用。在辣椒进入结果盛期后,适当增施二氧化碳气肥可显著提高产量。追施二氧化碳气肥浓度一般为550~750微升/升,每667米^{2}用量为0.18~0.98千克,施用时间应掌握在日出后1.5小时,通风前1小时左右停止施用。

(3)其他管理 定植后至门椒开花前,要及时打掉门椒下面的侧枝。进入采收盛期后,枝条繁茂,行间通风透光性差,应尽早摘除向内伸长、长势较弱的"副枝",中后期的徒长枝也应摘掉。

5. 采 收

门椒要适当早摘,以免坠秧。在达到采收标准时,根据市场价格波动可适当早采。采收时要小心、轻摘,以防折断脆嫩枝。

(四)辣椒日光温室冬春茬栽培技术

1. 品种选择

冬春茬栽培实质上是早熟栽培,必须注意品种的早熟性,兼顾生产性和抗病性等。可选择中椒107、京甜3号、海丰16号、国福308等品种。

2. 播种育苗

(1)播种期 北京地区播种期为12月中旬至翌年1月底。

(2)播种量 播种量一般为每667米^{2}35~50克。生产实践中,应具体根据种子质量、气候条件、播种方式、病虫害发生情况、育苗方式、土壤条件等来酌量增加,从而保证一定产量的获得。

(3)种子处理　播种前可将种子摊在簸箕内晒1～2天。注意不要将种子摊放在水泥地等升温较快的地方暴晒，以免烫伤种子。先将种子放在常温水中浸泡15分钟，然后转入55℃～60℃的温水中浸泡10～15分钟，以消毒灭菌，用水量为种子重量的5倍左右，期间要不断搅动以使种子受热均匀。之后，降低水温至28℃～30℃或将种子转入28℃～30℃的温水中，继续浸泡8～12小时。

(4)播　种

①配制营养土　营养土由肥沃的园土、充分腐熟的堆厩肥或粪肥、煤灰渣、炭化谷壳、河泥、塘泥、砂焦、草炭等配制而成。园土应选用1～2年未种过茄果类蔬菜、瓜类蔬菜的土壤。园土宜在8月份高温时掘取，经充分烤晒后，打碎、过筛，再贮存于室内或用薄膜覆盖，保持干燥状态备用。每立方米营养土加尿素1～1.5千克、磷酸二氢钾1千克，混合均匀。目前，生产上多采用72孔苗盘，营养土按草炭∶蛭石为3∶1混合后装盘。

②直接播种法　铺好床土，整平床面。播种前1天充分浇足底水（如果是下午播种，也可在上午浇水），播种时先将畦面耙松，随后将催好芽的种子撒播在畦面上。为播种均匀，可将催芽后的湿种子拌适量干细土后再进行播种。播种后及时覆一层厚约0.5厘米经消毒的营养土，并用洒水壶喷一层薄水，冲出来的种子再用营养土覆盖。温度较高时应覆盖遮阳网。

③育苗盘（穴盘）播种法　播种前要先将调整好pH

值的培养土装入育苗穴盘中,将基质刮平稍压,然后浇水,从外观看以不溢水为准。待水渗透后即可播种。在128穴育苗盘中播种多采用点播,播种后覆一层厚0.5厘米左右干基质并轻轻压紧。再用喷雾器喷一层薄水,使盖籽基质呈湿润状态。

(5)苗期管理

①出苗期的管理　出苗期主要是保持较高的湿度和温度,以促进出苗。因此,播种前应浇透苗床。遇低温时应做好覆盖保温,出苗期白天温度应保持在22℃~26℃,夜间不低于18℃。在出苗过程中,还要防止幼苗"戴帽"出土,如果发现小苗"戴帽"的较多,可喷适量水或撒些湿润的细土。如果"戴帽"苗不多,可以采取人工挑开的办法摘帽。

②破心期的管理　此期在保证秧苗正常生长所需温度的前提下,应尽可能使幼苗多见光。在正常生长的晴朗天气,可全部揭除覆盖物;即使遇上低温寒潮,也只是加强夜间和早、晚的覆盖,白天要尽可能增加光照。同时应适当降低湿度,在幼苗破心期一定要控制浇水,使床土表面见干见湿。生产中应注意防止猝倒病,一旦发现病苗,应立即喷施75%百菌清可湿性粉剂800~1000倍液。注意及时间苗,以防幼苗拥挤和下胚轴伸长过快而成"高脚苗"。

③旺盛生长期的管理　此期应确保适宜温度,尽可能增加光照。在温度条件能保证秧苗正常生长的情况下,一般不需覆盖,并保证水分和养分供应。在正常晴朗

天气条件下，一般每隔 2～3 天浇水 1 次，不要使床土有"露白"现象；但每次浇水量不宜过多。在此期间，如果幼苗出现缺肥症状，可结合浇水喷施 2～3 次 0.1％～0.2％三元复合肥液。一般第一次喷的浓度可偏低一些，第二、第三次的浓度可偏高一些。如果选用其他单一肥料配制营养液，一定要注意氮、磷、钾配合，防止因氮素过多而引起秧苗徒长或发育不良。配制辣椒幼苗营养液可采用尿素 40 克、过磷酸钙 65 克、硫酸钾 125 克、加水 100 升，整体浓度为 0.23％。幼苗中后期易发生立枯病，应及时喷施 75％百菌清可湿性粉剂 1 000 倍液。适时疏松表土，发现表土结壳或床土板结时，应及时用小竹签或铁丝松土。

④炼苗期的管理　为了提高幼苗对定植后环境的适应能力，缩短定植后的缓苗时间，在定植前 6～10 天应进行秧苗锻炼。主要措施有：控制肥水和揭除覆盖物通风降温。

(6)育苗方式

①温床育苗　温床育苗方式主要包括电热温床、酿热温床、火热温床和水热温床 4 种。目前华北地区冬春季辣椒育苗大多采用电热线加热温床。电热温床加热快、床温可按需要进行人工调节或自动调节，受气候条件的影响不太大。

②温室育苗　温室按加温方式可分为加温温室和日光温室。目前生产上多采用塑料薄膜日光温室育苗，主要由土墙或砖墙、塑料薄膜和钢筋或竹木骨架构成，也可添加加温设施，比较经济实用。

3. 定　植

（1）施肥整地　在上茬作物施足基肥的基础上,结合耕地每 667 米² 施优质腐熟有机肥 5 000 千克、磷酸二铵 60 千克、三元复合肥 60 千克、硝酸钙 30 千克、硫酸钾 60 千克。辣椒多为垄栽,为覆膜和浇水方便,以及有利于提高地温,应采用南北向垄栽。根据所用品种植株的开展度确定行、株距。日光温室冬春茬是早熟的短期栽培,故宜采用宽窄行单株对栽并适当密植的方法。宽行距 60～70 厘米,窄行距 40～50 厘米,垄高 12～15 厘米。

（2）定植　在保温性能好的冬用型日光温室,地温一直可以满足辣椒定植的温度指标。因此,定植前的一切准备工作就绪之后,即可定植。定植一般选晴天上午进行,定植后浇水利于当天晚上提高地温。定植时要把大、小苗分开栽,一垄上大苗栽在前,小苗栽在后,按穴距 30～40 厘米开穴。每 667 米² 单株定植 3 000 株左右,以适当的密植争取早期产量。

4. 定植后的管理

（1）前期（定植至采收前）　定植后 5～7 天是缓苗期,此期要密闭温室,尽量不通风。白天温度可以超过 30℃,夜间尽量保持 18℃～20℃。同时,要经常检查,注意随时补苗。缓苗后（定植后 10 天左右）要顺沟浇 1 次水。基肥不足时,可浇水前在行间开沟施肥,每 667 米² 施磷酸二铵 15～20 千克,或过磷酸钙 50 千克。施后与土掺匀,并用土覆盖,然后浇水压肥。

（2）中期（采收初期至采收盛期）　此期是在定植后的 40～75 天,是辣椒生产的关键时期。白天尽量不要出现或少出现 30℃ 以上的高温,夜温保持在 20℃ 左右,最低保持在 17℃。这样,既可保持植株的长势,又不会对果实膨大带来不利影响。此期棚膜使用达 5～7 个月,透光率已大幅度下降。一些无滴持久性差的棚膜开始附着露珠,必须十分注意清洁膜面,以提高透光率。同时,要矫正植株,加强通风透光。结合浇水追肥时,用肥量不宜太大,必须氮、磷、钾肥配合,每 667 米² 可追施磷酸二氢钾 15～20 千克。

(3)后期 采收盛期过后,此期管理应以保持长势为主,追肥应以氮、钾肥为主,并做到追肥与浇水结合。

5. 采 收

定植后一般 40～50 天开始采收,门椒、对椒宜适当早摘,以免影响植株长势。采收时为了不损伤幼枝,最好是剪果柄离层处或慢摘。

八、辣椒采种技术

(一)辣椒采种方法

1. 采种田的选择

辣椒采种应专设采种田。辣椒根系不发达,并且大部分分布于浅表耕作层,既不耐旱,也不耐涝,所以采种田以排水良好的肥沃土壤为宜。为了减轻病害发生,应避免与番茄、茄子等茄果类蔬菜连作。4～5 年内栽培过茄果类蔬菜的田块,不宜作采种田。

辣椒为常异交作物,自然杂交率占 10% 以上。为避免采种过程中发生品种之间天然杂交导致品种混杂、退化,要求采种田与其他辣椒品种的采种田或生产田的隔离距离至少在 500 米以上。

2. 田间管理

辣椒采种田的栽培技术与商品辣椒栽培基本相同。可参见辣椒露地栽培技术。

3. 选留种果

在田间进行严格的株选和果选,淘汰不符合本品种特征特性的单株及病、弱株。门椒和对椒都可以留种,但对椒以上的果实采种量大,种子质量好。大果型甜椒每株可留果 4～6 个,小果型辣椒可留果 10 余个至几十个。

4. 种子采收

辣椒果皮全部变成深红色,是生理成熟的标志,即可采种果。不同类型的辣椒品种从开花到果实生理成熟的天数不同,一般需50～65天。植株上的果实陆续成熟,所以要分批采收。果皮较厚、含水量较高的甜椒品种果实收获后,置于通风阴凉处后熟3～5天再取籽,以提高种子发芽率。采种时,可用手掰开果实或用刀自萼片周围割一圆圈,向上提果柄,将种子与胎座一起取出。清除胎座等杂质后,将种子铺在草席上,放在通风阴凉处晾干。切忌将种子直接放在水泥地上于阳光下晾晒。当种子含水量降低至8%以下即可装袋,放在通风、干燥、阴凉处保存。在种子贮存期间,注意防潮、防热、防鼠及防虫害,经常检查,确保种子质量。

(二)辣椒原种生产技术规程

辣椒原种生产应采取单株选择,分系比较,混系繁殖的方法,实行株行圃、株系圃、原种圃的三圃制。在纯度较高的群体内进行单株选择时,也可将株系圃同原种圃结合起来,实行第一年株行圃选择鉴定,翌年株系圃生产原种的二圃制。

1.单株选择

单株选择是繁育原种的基础。单株选择应在原种圃或纯度高的种子田中进行。严格选择植株、叶、花和果实等主要植物学性状与原品种相符的单株,并注意考察其丰产性、优质性、抗逆性和熟性等综合优良生物学特性。单株选择一般分3次进行。第一次约在开花期,着重对株型、叶形和熟性等综合优良性状的选择,这次入选株数应当多些。入选株应当摘除已结的果和已开的花,然后进行单株扣纱网或用其他措施隔离,以便留种。第二次在商品果成熟期,在第一次入选株内淘汰果形、果色和品质等性状不符合要求的单株。第三次在种果成熟期,在第二次入选株内进一步淘汰丰产性和抗病性较差的单株。种果成熟后,将入选株编号,分别留种。

2. 株 行 圃

将上年入选的单株种子育成苗后分别栽植于株行圃。株行圃分别设置观察区和采种区。

(1)观察区 该区只作为观察鉴定用。每份材料种植群体不得少于 50 株,并要求土壤肥力均匀,栽植时不设重复,顺序排列。在门椒商品成熟期和盛果期进行两次纯度鉴定。逐株观察该区内全部植株的植物学特性,着重对植株、叶、花和果实的性状进行鉴定,并结合进行丰产性、优质性、抗逆性和熟性等综合性状观察。根据田间观察和纯度鉴定结果进行选择和淘汰。在一个株、行内杂株率大于 5%,或与对照相比特征显著变劣的应全部淘汰。

(2)采种区 该区只作为留种用。因此,不同株、行要进行隔离。最后以观察区入选株、行为依据,在采种区中选相应的株、行留种。

3. 株 系 圃

将上一年入选的株、行圃种子育成苗后,分别种植在株系圃内。株系圃分别设置鉴定区和采种区。

(1)鉴定区 该区作为田间观察、纯度鉴定和产量比较之用。一般每株系应种植 3~4 行,行长 5~10 米,用对比法排列,以本品种原种作为对照比较产量。该区土壤肥力要均匀。田间观察鉴定与株、行圃相同。一个株系圃内的杂株率在 0.5% 以上时应全系淘汰,余者根据田间观察鉴定结果进行综合评价,决定取舍。

(2)采种区 该区只作为留种用。因此,不同株系要进行隔离。以鉴定区鉴定结果为依据,在采种区选留相应株系混合采种。

4.原 种 圃

将入选株系的种子混合种植于原种圃。于开花期、门椒商品成熟期至盛果期、种果采收期,分别进行田间观察鉴定和植株纯度调查,严格拔际杂株,保证品种纯度在 99% 以上。在种植原种圃的同时,种植上一年株系圃内种子和本品种原种进行比较试验。

(三)辣椒一代杂种制种技术

1.父母本播种期的调节和种植比例

辣椒开花结果对环境条件比较敏感,杂交制种的最适日平均温度为 $20℃ \sim 24℃$。各地应结合当地气候条件,选择最有利的时期播种。辣椒一代杂种父本和母本的生育期往往不尽相同,为了使父本和母本在杂交适期都进入盛花期,可通过调节双亲的播种期和定植期来实现。

父、母本种植比例为 1:4 或 1:5。母本种植行距应适当加宽,以利于杂交授粉田间操作;父本行可适当密植,以便于提供更多的花粉。

2.去　雄

在母本植株上选择第二天将要开放、花瓣已由绿色变成白色的大花蕾去雄,但在蕾期花药已裂开的花蕾必须摘除。用尖头镊子将含苞待放的白色花蕾的花瓣拔除,轻轻地将雄蕊全部摘除。去雄要彻底,否则将引起自花授粉,产生假杂种。与此同时,摘除植株上已经开放的花。

3.采集花粉

从当天开放花朵中采集的新鲜花粉生活力最强。为了提高杂交授粉的效率,也可采用贮藏的花粉进行授粉,即在授粉的前1天,从父本植株上把花瓣变白即将开放的大花蕾摘下,用镊子取出花药,放入培养皿中,置于装有生石灰或硅胶等吸湿剂的干燥器内,待花粉干燥后再用80目筛子将花粉过筛备用。使用贮藏的花粉授粉,花粉贮藏时间不宜过长,否则因花粉贮藏时间过长生活力弱,将明显降低杂交授粉的结实率。

4.授　粉

辣椒雌蕊柱头在开花前1~2天已具有受精能力,但以当天开放的花受精能力最强。授粉工作可在去雄当天或去雄后的第二天进行,这时正值花朵开放时期。用手或用铅笔上的橡皮头蘸取花粉,轻轻地涂抹在母本雌蕊的柱头上;也可用授粉管授粉。授粉管为内径0.5~0.6厘米的玻璃管,一端封闭,在靠近封闭端的侧壁上开一小孔(直径约2毫米,比花柱粗度略大);另一端开口,装入干燥花粉后用橡皮塞塞紧。授粉时,将花柱从小孔伸入管内,柱头蘸满花粉,即完成授粉。授粉后如遇雨天,雨后要重新授粉 1 次,以提高结实率。授粉后的花在花柄处绑上细线或细铁丝做标记,也可用调稀的磁漆(漆与植物油的比例为 1∶1)涂在花柄处做标记。与此同时,将未去雄授粉的花、蕾全部摘除,以保证较高的杂交率。

5. 种子采收

果实红透老熟后采摘。首先要检查杂交授粉标记,只采摘有标记的果实留种。种子采收方法同常规品种。

九、辣椒病虫害防治技术

（一）农业防治

辣椒病虫害防治应按照"预防为主，综合防治"的方针，坚持以"农业防治、物理防治、生物防治为主，化学防治为辅"的原则。

1. 选用抗病品种

辣椒的品种很多，其抗病能力有较大的差异。目前，各种类型的辣椒，无论是甜椒还是辣椒、适于鲜食或干制的，都已培育出很多具有较强抗病性的品种。在生产过程中，要针对当地辣椒生产中病虫害发生的规律和类型，选用适合当地栽培、具有较强抗病性的品种。参见辣椒优良品种部分的内容。

2. 种子消毒

有一些辣椒病虫害是通过种子传播的。在播种前对种子进行消毒，可有效地杀死种子所带的病菌和虫卵，起到减轻病虫危害的作用。常用的方法有以下几种：①用一个保温性能较好的陶瓷盆，放入 50℃～55℃的温水，水量为种子体积的 5 倍左右。将种子投入温水中并不断搅拌，防止局部受热而烫伤种胚，待水温下降至 30℃左右时停止搅拌，继续浸泡 8～10 小时，使种子吸足水分，然后捞出沥干水分，用纱布包好，外面再包上浸湿的麻袋片或毛巾,置于盆内进行催芽。这种温汤浸种法对辣椒的疮痂病、菌核病有杀灭作用。②将种子用清水浸泡 5～6 小时,再放入 1％硫酸铜溶液中浸泡 5 分钟或用 40％甲醛150 倍液浸泡 15 分钟,然后捞出用清水洗净,再用湿布包好催芽。这种方法可以防止辣椒炭疽病和疮痂病的发生。③将种子在清水中浸泡 4 小时左右,捞出放入 10％磷酸三钠溶液中浸泡 10～20 分钟,或用 2％氢氧化钠溶液浸泡 15 分钟,捞出用清水洗净后催芽。这种方法可起到钝化病毒、抑制病毒病的作用。

3. 培育壮苗

俗话说:"苗好三成收"。培育壮苗是辣椒减轻病害取得高产的关键。在多年种植蔬菜的老菜地上进行育苗,容易发生猝倒病、立枯病等苗期病害,如果采用无土育苗(具体方法见辣椒栽培技术部分)或客土(较洁净的非菜园土)育苗,可有效地减轻苗期立枯病和猝倒病病害的发生。利用营养钵或营养土方育苗,便于培育壮苗,并能保护幼苗根系在定植时少受伤害,定植后缓苗快,植株生长健壮,从而增强对病虫害的抵御能力。

幼苗定植前,一定要喷 1 次药,并淘汰病苗,保证定植到田间的幼苗都是无病虫害的健壮苗。

4. 深沟高畦,覆盖地膜

辣椒露地或保护地栽培适宜采用深沟高畦的栽培方式,因为深沟高畦栽培可以有效地防止浇水或雨后田间积水,而且土壤表层容易干燥,田间小气候空气湿度较低,不利于病害的发生;可以加厚土层,提高土壤的透气性,有利于辣椒根系生长;干旱时在沟内浇水,水沿土壤毛细管上升,既能保证辣椒生长所需的水分,又能保持土面比较干燥、疏松;既可创造适宜辣椒根系生长的环境条件,又能增强地上部的通风透光能力,因而可有效地减少病虫害的发生。因此,只要不是漏水非常严重的沙土地,应尽量实行深沟高畦栽培。

覆盖地膜除具有深沟高畦栽培的优点外,尤其在辣椒保护地栽培中,棚室内空气湿度大,容易发生病害,覆盖地膜可明显减少土壤水分蒸发,降低棚室内空气湿度,因而可减少病虫害的发生。

5. 合理密植,及时支架打杈

病虫害的发生需要一定的外部环境条件,如温度、光照、湿度等,在田间,这些环境因素都会受植株群体结构的影响,形成独特的小气候。对群体小气候起主导作用的是群体密度。当植株密度过大时,易形成郁闭,通风透光差,湿度大,光照不足,会使辣椒光合作用下降,植株徒长,茎叶柔嫩,生长不良,有利于病菌的侵染和虫害的发生。因此,在生产上一定要克服片面利用增加密度追求高产的做法。尤其是在辣椒保护地生产中更需注意这一点,这是因为保护地高温高湿和相对密闭的环境,本身就容易引起植株徒长和病虫害的发生。通过适当稀植,使光能在各个层面上合理分配,提高植株的光合能力,使植株个体生长得到充分发挥,生长健壮,增强了对病虫害的抵御能力;也增加了行间、株间的气流传导,降低了群体的空气湿度,从而形成一个病虫不易侵害的环境条件。当然植株也不能过稀,过稀则会影响产量,要合理密植,密度要适宜,株、行距配置要合理。

在辣椒生长中、后期,尤其是一些株型高大的品种,要及时整枝,去除弱枝和下部老叶。在保护地内如植株高大,则需要支架,防止植株倒伏,增强群体内的通风透光。如茎不能直立,任其倒地生长,植株群体内郁闭,通风透光差,湿度大,则植株细嫩,抵御病虫害能力差,发病率明显上升。所以,辣椒保护地生产中,要尽量用支架或吊蔓栽培。

6. 合理的肥水管理

合理的肥水管理措施能使辣椒植株生长健壮,增强对病虫害的抵抗能力。其具体做法可参照栽培技术部分相关内容。

7. 清洁田园

田埂、沟渠、地边杂草是很多病虫的孳生地和寄主,应尽量清除,以减少病原菌和虫卵。另外,病毒病多由蚜虫、白粉虱传播,它们多在沟渠、田埂和地边杂草上越冬,早春气温回升后大量繁殖,并向田间蔓延,传播病毒病等病害,危害辣椒生长。清洁田园和消灭杂草可消灭越冬病虫的寄生场所,从而减少病虫害的发生。当田间出现中心病株、病叶时,应立即拔除或摘除,防止传染其他健康植株,这在保护地栽培中显得尤其重要;也可用药喷施中心病株及周围的植株,对病害进行封锁控制,以防止病害蔓延。

8. 纱网覆盖栽培

夏季辣椒露地栽培覆盖纱网,可起到防虫、遮阴、降温、增产和提高品质等多种作用。纱网用塑料丝编织而

成,孔隙的大小一般为 30～40 目,辣椒纱网覆盖栽培的
生态环境条件,有利于辣椒植株的生长发育。辣椒纱网
覆盖栽培,不仅能增加产量,还可显著提高辣椒果实的单
果重,果大商品性状好。因此,辣椒纱网覆盖栽培不但能
防虫防病,更为重要的是由于覆盖后田间生态条件的改
变,促进了辣椒植株的生长发育,为抵御病虫害和高产打
下良好的基础。这是一种很有发展前途的栽培方式。

值得注意的是,在进行辣椒纱网覆盖栽培时,其效果
会因地理位置的不同而有差异,在南方春季连阴雨天多,
需注意覆盖时间不能过早。

9. 实行严格轮作制度和间作套种

蔬菜生产上一般不宜采取连作或单作制度。在辣椒
生产中,必须严格实行与非茄科作物轮作 3 年以上。因
为连作不仅从土壤中吸收大量相同的养分,破坏养分平
衡,降低土壤肥力和作物的抗逆性,而且还为病虫害的孳
生提供适宜的环境条件和营养来源,有利于病虫害的发
生和流行。合理的轮作换茬,不仅使土壤养分得到均衡
利用,植株生长健壮、抗病能力增强,而且还可切断专性
寄主和单一的病虫食物链,使生态适应性窄的病虫因条
件恶化而难以生存、繁衍,从而改善菜田生态环境。

合理提高复种指数,实行间套作,也是防治辣椒病虫
害的一项有效措施。这不但可以提高土壤利用率,增加
单位面积产量,而且对于克服由于连作造成的病虫害具
有很好的防治效果。各地可根据当地实际情况,选择不
同的蔬菜或粮食作物与辣椒进行间作。但辣椒进行间套

作时,应注意选择不同科的蔬菜作物种类,以利于抑制和防止病虫害的发生。例如,辣椒与茄子、番茄、马铃薯等同科作物间套作,则会加剧病虫害的发生,应注意避免。

(二)科学施用农药

由于农药使用不当而造成蔬菜体内农药残留过量,人们食用后造成中毒的事件时有发生。为了生产出无公害的蔬菜,首先要了解哪些农药是生产中禁用的。农业部于 2001 年 9 月颁发的行业标准中规定,在蔬菜上不能使用高毒高残留农药,其农药种类包括:杀虫脒、氰化物、磷化铝、六六六、滴滴涕、氯丹、甲胺磷、甲拌磷(3911)、对硫磷(1605)、甲基对硫磷(甲基 1605)、内吸磷(1059)、苏化 203、杀螟磷、磷胺、异丙磷、三硫磷、氧化乐果、磷化锌、克百威、水胺硫磷、久效磷、三氯杀螨醇、涕灭威、灭多威、氟乙酰胺、有机汞制剂、砷制剂、西力生、赛力散、溃疡净、五氯酚钠等和其他高毒高残留农药。

为了确保农药的安全使用,除了考虑农药的毒性外,还要按照各种农药在辣椒上的允许使用次数和安全间隔期的规定使用农药。所谓安全间隔期,是指最后 1 次用药应与采收间隔的时间。

常用化学农药在辣椒上的合理使用标准见表 4。

表4 辣椒病虫害防治中常用的几种化学农药合理使用标准

农药名称	剂 型	最高限量 (毫升/667 米²)	使用限次	安全间隔期 (天)	最高残留量 (毫克/千克)
溴氰菊酯	2.5%乳油	40	3	3	0.2
氯氰菊酯	10%乳油	30	3	2～5	1.0
顺式氯氰菊酯	10%乳油	190	3	7	1.0
氯氟氰菊酯	2.5%乳油	10	3	7	0.2
甲氰菊酯	20%乳油	20	3	3	0.5
百菌清	75%可湿性粉剂	270	3	7	5.0
甲霜·锰锌	58%可湿性粉剂	120	3	1	0.5

此外,施用农药须注意以下几点:①要认准病虫害的种类,有针对性地使用农药,避免滥用农药。因为不同的病或虫害需要使用不同的药剂进行防治。如果我们不能进行对症下药,不仅不能控制病虫害,反而造成浪费,还会污染蔬菜和环境。尤其是一些生理病害无须打药。有些农民由于不会识别各种病虫害,将多种药剂混合在一起,每隔一段时间用1次,这种防治方法是不可取的。这会造成产品的严重污染。②掌握病虫害发生规律,做到及时用药。每一种病虫害的发生,都有由轻到重的过程,即有一个防治的最佳时期。当有些病虫害发展到一定程度时,就是用再好的农药也难以控制,特别是一些流行性病害和暴发性的虫害。最好是有关部门能进行预测预报,指导农民及时进行防治。在一些缺乏预报的地区,只有靠农民自己根据每年发生病虫害的时间,及时加以防护。③喷药要做到细致均匀。有一些农民采用高浓度、

快速度的方法或将旋水片上的孔扩大的方法施药,药剂不能很好地覆盖在植株的表面,使大部分药剂都洒在地上,不仅浪费了农药,还污染了土壤。④使用农药不能过于单一,避免病虫害产生抗药性。使用农药时如果单一使用一种药剂,会出现药效逐渐下降的现象,而且越是专化性强的农药就越容易失效。这多数是因为病菌和害虫产生了抗药性。

(三)辣椒病害防治

猝倒病

猝倒病又名绵腐病,为辣椒苗期重要病害。

【危害症状】 辣椒播种以后,由于病菌的侵染,常造成胚芽和子叶变褐腐烂,致使种子不能萌发,幼苗不能出土。当幼苗出土以后,子叶基部受病菌侵染呈水渍状,淡黄褐色,无明显边缘,逐渐失水变细,成为线状,由于不能承受上部子叶的重量而猝然折倒,但子叶在短期内仍保持绿色。此病一旦发生,蔓延非常迅速,使幼苗成片死亡。苗床湿度大时,在病苗及其附近床面上常可见到一层白色棉絮状菌丝。

【发病条件】 猝倒病由真菌瓜果腐霉引起。病菌腐生性很强,在病株残体和土壤中可长期存活,随雨水、灌溉水、带菌的农具传播,也可由带菌的农家肥或种子传播。苗床土壤带菌又未经消毒,是发病的根源。本病属低温菌,最适生长温度为 $15℃\sim16℃$。因此,当早春苗床温度低、湿度大,尤其苗期遇有连阴天,光照不足,幼苗生长衰弱,最易发生猝倒病。

【防治方法】 ①苗床地的选择。苗床应选择地势高燥、背风向阳、排水良好、土质疏松而肥沃的无病地块。为防止病菌带入苗床,应施用腐熟的农家肥。播种前苗床土要充分翻晒、耙平。②苗床土处理。旧苗床应进行苗床土壤处理。每平方米用50%多菌灵可湿性粉剂8～10克和少量细土混合均匀,取1/3药土作垫层,播种后将其余2/3药土作为覆土层。为避免药害,应保持适当的土壤湿度。也可每平方米床土用40%甲醛30毫升对水80倍喷洒。然后用塑料膜封闭,4～5天后揭除塑料膜,将床土翻耕晾晒15天后播种。③加强苗床管理,培育壮苗。苗床土壤温度要保持在16℃以上,气温保持在20℃～30℃。苗出齐后注意适时通风,同时加强中耕松土,以降低土壤湿度,提高土壤温度,促进幼苗根系生长。保持育苗设备透光良好,增加光照,促进秧苗健壮生长。为防止地温过低,有条件的最好采用电热温床育苗,为培育抗病壮苗创造良好的环境条件。发现病株要及时拔除,集中烧毁,防止病害蔓延。④药剂防治。发病初期最好用64%噁霜·锰锌可湿性粉剂500倍液喷雾,也可用75%百菌清可湿性粉剂600倍液或50%多菌灵可湿性粉剂600倍液喷雾。

立 枯 病

立枯病俗称死苗、霉根,是辣椒苗期常见病害。立枯病多发生于育苗的中后期,成株期也可发生。

【危害症状】 受害幼苗茎基部产生椭圆形暗褐色病斑,明显凹陷。发病初期病苗白天萎蔫,晚上恢复,当病斑继续扩大绕茎1周时,幼苗茎基部缢缩干枯,叶色变黄凋萎,根变褐腐烂,直至全株死亡。由于此病发生在茎部木栓化以后,一般不倒伏,立枯病因此而得名。湿度高时,茎基部可见淡褐色蛛丝霉状物。这是立枯病与猝倒病区别的重要特征。

【发病条件】 病菌在土壤内病残体和有机质上越冬,一般可以在土壤中腐生2～3年。床土带菌是幼苗受害的主要根源,病菌通过雨水、灌溉水、粪肥、农具等进行传播和蔓延。病菌生长适宜温度为18℃～28℃,在12℃以下或30℃以上时,病菌生长受到抑制。高温高湿有利于病菌生长。一般苗床温度过高、湿度过大、通风不良、播种过密、幼苗徒长、阴雨天气等环境条件,均易引起立枯病的发生和蔓延。

【防治方法】 ①加强苗期管理。防止苗床内出现高温高湿状态。苗期喷洒0.1%～0.2%磷酸二氢钾溶液,可增强植株抗病力。②苗床土消毒。其方法同猝倒病。③药剂防治。发病初期,最好用72.2%霜霉威水剂800倍液喷雾。每隔5～6天喷洒1次,连续防治2～3次。其他药剂同猝倒病的防治方法。

疫 病

疫病在我国各地普遍发生,是辣椒生产上的重要病害之一。近年来辣椒疫病发生越加严重,给生产造成很大损失。辣椒疫病发病周期短,蔓延速度快,防治困难,毁灭性大,病害发生时一般可减产20%～30%,严重时可减产90%,甚至绝收。

【危害症状】 辣椒疫病从苗期至成株期都可发生。幼苗发病时茎基部呈暗绿色水渍状,后形成梭形大斑。病部明显缢缩,呈黑褐色,茎叶急速萎蔫死亡。潮湿时病部可长出稀疏霉层。成株期茎、枝发病时,病斑开始呈水渍状,淡褐色,边缘不明显,很快变为暗褐色和黑色条斑,逐渐向周围扩展而包围茎部。病斑凹陷或稍缢缩,受害病株病斑以上枝叶迅速凋萎、脱落,潮湿时枝条皮层软化而腐烂,最终植株死亡。叶片受害时,病斑呈水渍状,后扩展成近圆形或不规则形大斑。病斑边缘黄绿色,中间褐色,病叶转为黑褐色后枯缩、脱落。果实多在蒂部先发病,病部初为水渍状软腐,迅速向果面和果柄发展。病果由淡褐色变为黑褐色,有时产生深褐色同心轮纹。病果开始只是果肉腐烂,表皮不破裂也不变形,最后脱落。晴朗天气,果实变成黑色僵果,悬挂枝上;潮湿天气病果上可产生较薄的白色粉状霉层,后变为灰色天鹅绒状。

【发病条件】 辣椒疫病是由疫霉菌引起的一种真菌病害。病菌在病残体上或土壤中越冬。病菌在土壤中可存活很长时间。病菌主要由雨水、灌溉水、气流传播。病菌在8℃～38℃条件下均可以生长发育,在25℃～30℃条件下、空气相对湿度85%以上时最适宜发病。故高温高湿有利于病害发生和流行,多雨高湿季节特别是暴雨后病情发展很快。此外,在重茬地、田间积水及大水漫灌,都会加重病害。在保护地栽培条件下,疫病有明显的发病中心。棚室如有漏雨的地方,也极易发病,形成发病中心,向四周蔓延。农事操作中拔除的病株、摘下的病果若遗留在田间,也可侵染邻近植株,形成新的发病中心。

【防治方法】 ①实行轮作。避免与瓜类、茄果类蔬菜连作。②用无病菌土育苗。用新土或用药剂消毒过的无病菌土壤育苗。每平方米可用75%百菌清可湿性粉剂8克与10～15千克细土拌匀,用1/3药土施入苗床内,2/3药土作播种后覆土。③加强田间管理。培育适龄壮苗,覆盖地膜,采用高垄或高畦栽培,雨后及时排水,防止湿度过大。清洁田园,发现病株要及时拔除,集中深埋或烧毁。④药剂防治。定植前,用75%甲霜灵可湿性粉剂800倍液灌根。定植后,发病前用70%代森锰锌可湿性粉剂500倍液,或50%甲霜铜可湿性粉剂800倍液喷洒叶面、茎基部和地面,以预防病害侵染。发病初期,在保护地内可采用烟熏法、粉尘法防治,每667米² 每次用45%百菌清烟剂250克熏烟,每隔7～10天熏1次,连续熏2～3次;或每667米² 每次用5%百菌清粉尘剂1 000克喷撒,每隔7～10天喷1次,连续喷2～3次。也可选用40%三乙膦酸铝可湿性粉剂200倍液,或75%百菌清可湿性粉剂600倍液喷雾,每隔7～10天喷1次,并结合灌根,连续防治2～3次。此外,还可以采用处理土壤的方法防治根部被害,在病害发生的初期,将根茎部的土扒开,用上述防治疫病的药剂,每株浇入100～200毫升药液。为了省工,也可以将上述药液喷洒在根颈部。

病 毒 病

辣椒病毒病在全国各地发生普遍,危害日趋严重,是近年来辣椒上最普遍的病害之一。由于其侵染方式特殊,早期不为人们所注意,蔓延迅速,防治困难,常造成大面积损失。露地辣椒栽培病毒病发生比较严重,而保护地栽培如果环境条件控制较好,则发病相对较轻。

【危害症状】 辣椒感染病毒病后,由于病毒种类不同,症状表现也不同,一般有花叶、蕨叶、明脉、矮化、黄化、坏死、顶枯等症状。

花叶:叶片出现不规则深绿与淡绿相间的花斑,田间检查时,首先看心叶是否出现花叶,如果心叶出现花叶,说明植株已感染病毒。花叶不皱缩变形的称轻花叶,严重皱缩变形的称重花叶。

蕨叶:叶片变小、卷缩、扭曲,丛生现象严重。

明脉:叶脉颜色变淡,半透明。

矮化:植株变矮,常伴随蕨叶丛生同时发生。

黄化:叶片变为黄色,田间分布不均匀,并有落叶现象。

顶枯:顶部枯死后变褐色,叶片脱落。

【发病条件】 危害我国辣椒的主要病毒是黄瓜花叶病毒和烟草花叶病毒。黄瓜花叶病毒主要在根茬菠菜、多年生杂草及保护地蔬菜上越冬;烟草花叶病毒在带毒的土壤、病残体、种子及卷烟中越冬,主要靠蚜虫传播。

另外,植株因风力的摆动,互相碰撞摩擦,或因各项农事操作(播种、分苗、定植、整枝等)促使植株相互接触,均可传播病毒病。在高温、干旱、日照强度过强的气候条件下,辣椒植株本身的抗病能力降低,同时这种气候条件有利于蚜虫的发生和繁殖,导致辣椒病毒病严重发生。此外,重茬、缺肥、管理粗放、定植过晚等也会使病毒病发病加重。

【防治方法】 ①种子消毒。用 10％磷酸三钠溶液浸种 10 分钟,捞出用清水洗净后浸种催芽,有助于防止烟草花叶病毒感染。②培育壮苗,覆盖地膜,适时定植;间作玉米等高秆作物,以免强光高温危害;合理密植,加强肥水管理,以增强植株抗病能力。③及时消灭蚜虫,减少病毒扩展。其防治方法同蚜虫防治。④药剂防治。目前市场上出现的一些防病毒制剂,可以直接用来防治病毒病。但是,多数不能直接杀死病毒,在防治病毒中仅起到一定的辅助作用。目前,常用于防治病毒病的化学制剂主要有以下 4 种:一是 10％混合脂肪酸水剂(或水乳剂),又叫 83 增抗剂。是一种耐病毒诱导剂,每 667 米^{2}用量为 600～1 000 毫升,对水稀释成 1 000 倍液喷雾。每 7 天喷 1 次,共喷 3～4 次。二是 20％吗胍·乙酸铜可湿性粉剂或盐酸吗啉胍可湿性粉剂。一般施用浓度为 400～600 倍液,每 7 天喷 1 次,共用 3～4 次。此药在高浓度下易产生药害,一般以不低于 300 倍液为佳。三是 1.5％烷醇·硫酸铜乳剂。每 667 米^{2}用量为 60～120 毫升,对水稀释成 1 000 倍液喷雾。每 7 天喷 1 次,共喷 3～

4 次。四是 10％宁南霉素水剂。每 667 米² 用量为 200 毫升,对水稀释成 200～250 倍液喷雾。每 7 天喷 1 次,共喷 3 次。

炭 疽 病

辣椒炭疽病是一种常见多发病,主要危害辣椒成熟果实和老叶。发病严重时可使辣椒减产 20％～30％。

【危害症状】 主要危害果实和叶片。果实被害,开始产生水渍状黄褐色近圆形或不规则形的病斑,继而稍凹陷,中央灰褐色,上有隆起的同心轮纹,轮纹上密生小黑点。干燥时,病斑干缩似羊皮纸状,易破裂;潮湿时,病斑溢出淡红色黏稠物质。叶片受害,病斑初为水渍状褪绿斑点,后发展成为边缘深褐色、中央灰白色圆形病斑,病斑上轮生小黑点,病叶易干缩、脱落。茎和果梗染病时,可出现不规则褐色病斑,稍凹陷,干燥时容易裂开。

【发病条件】 病菌在种子上或随病残体遗留在土壤里越冬。通过灌溉、昆虫、气流、农事操作等进行传播。病菌多由植株伤口侵入。病菌在 12℃～35℃范围内均可发育,最适温度为 27℃。空气相对湿度为 95％时发病迅速,低于 70％时一般不发病。种植密度过大,排水不良,浇水多,湿度大,温度高时,有利于炭疽病的扩展和蔓延。

【防治方法】 ①种子消毒。从无病田块或无病植株上留种。用 55℃温水浸种后催芽。也可将种子用清水浸泡 5～6 小时,再放入 1％硫酸铜溶液中浸泡 5 分钟,或用 40％甲醛 150 倍液浸泡 15 分钟,捞出用清水洗净,再用湿布包好进行催芽。②实行轮作,避免与番茄、茄子等作物连作。③加强田间管理。采用营养钵育苗,防止根系受伤,避免病菌由伤口侵入。合理密植,并选择排灌良好的沙壤土、不窝风的地块栽培。发现病株、病果及时清除,并深埋或烧毁。④药剂防治。发病初期可选用 75％百菌清可湿性粉剂 500～600 倍液,或 70％代森锰锌可湿性粉剂 400 倍液,或 50％多菌灵可湿性粉剂 500 倍液,或 70％甲基硫菌灵可湿性粉剂 1 000 倍液,或 50％异菌·福美双可湿性粉剂 800 倍液喷雾,每隔 5～7 天喷 1 次,连续喷2～3 次。

疮痂病

疮痂病是一种常见的细菌性病害,在我国南北各地辣椒露地和保护地栽培中均有发生。苗期和成株期均可发病。

【危害症状】 疮痂病主要发生在叶和茎上,有时也危害果实。叶片染病时,初期出现水渍状黄绿色小斑点,扩大后呈不规则形。病斑边缘暗绿色,稍隆起;中间淡褐色,稍凹陷。病斑表皮粗糙,呈疮痂状。受害重的叶片边缘、叶尖变黄,干枯,脱落。如果病斑沿叶脉发生,常使叶片变成畸形,引起全株落叶。茎部和果柄染病,出现不规则条状病斑和斑块,颜色暗绿色,逐渐木栓化或纵裂,呈疮痂状。果实被害,开始有褐色隆起的小黑点,随后扩大为稍隆起的圆形或长圆形的黑色疮痂状病斑。潮湿时,病斑中间有菌液溢出。辣椒幼苗染病时,子叶上出现水溃状的银白色小斑点,后变为暗色凹陷病斑,发病严重时常引起幼苗全株落叶,最终导致植株死亡。

【发病条件】 病原菌主要附着在种子表面或随病残体在土壤中越冬,借种子调运、风雨和昆虫传播。特别是暴风雨发生时,植株相互摩擦,促使病菌传播,病害发展更快。病菌生长适温为 27℃～30℃。空气相对湿度为90％以上时,有利于发病。高温高湿是诱发辣椒疮痂病的重要条件。在高温多雨季节,尤其是在日光温室和大棚中气温高、湿度大时容易发病。此外,偏施氮肥或早期氮肥过多,叶片柔嫩或土质黏重,低洼积水,重茬地,排水不良等,发病也重。

【防治方法】 ①从无病株上采种,并进行种子消毒。用55℃温水浸种,也可将种子用清水浸泡 5～6 小时,再放入 1％硫酸铜溶液中浸泡 5 分钟,或用 40％甲醛 150 倍液浸泡 15 分钟,然后将种子用清水洗净,再用湿布包好进行催芽。也可将种子先用清水浸泡 5 小时,再用 72％硫酸链霉素可溶性粉剂 2 000 倍液浸种 30 分钟后进行催芽。②实行轮作,避免与茄子、番茄等茄科蔬菜连作。③加强田间管理。高温多雨季节注意保护地内通风降温,防止高温高湿。雨季及时排水。及时将病叶、病果、病株清除到田外,并深埋或烧毁。④药剂防治。发病初期可喷 72％硫酸链霉素可溶性粉剂 4 000 倍液,或 90％新植霉素可溶性粉剂 4 000～5 000 倍液,每 7～10 天喷 1 次,连续喷 3～4 次。

细菌性叶斑病

该病各地均有发生,由于它易与疮痂病混淆,常被人们所忽视。

【危害症状】 辣椒细菌性叶斑病主要危害叶片,引起落叶、早衰,最终导致严重减产。叶片初发病时,出现水渍状褪绿小点,后逐渐变为褐色至铁锈色,病斑膜质凹陷变薄,边缘不隆起(以此特点可与疮痂病相区别),严重时穿孔、落叶甚至全株死亡。

【发病条件】 病菌借雨水传播,从伤口侵入。据研究,在内蒙古自治区 6 月份开始发病;7～8 月份多雨季节,温、湿度适宜时,病株大量发生,蔓延迅速;9 月份气温下降,病势逐渐缓慢停止。

【防治方法】 参照辣椒疮痂病防治方法。

软 腐 病

辣椒软腐病各地均有发生。该病主要发生在果实上,有时也危害茎秆。在贮运期间也易发病。

【危害症状】 在辣椒结果中后期,由于果实遭受虫害或机械损伤,造成细菌侵入的通道,被害果实开始出现水渍状暗绿色斑,果肉渐渐腐烂,迅速扩展,整个果皮变白绿色,软腐,果实内部组织腐烂,病果呈大水泡状。果皮破裂后,内部液体流出,仅存皱缩的表皮。有时病斑可布满全果,病部表皮皱缩。病果可脱落或悬挂在枝上,干枯后呈白色。

【发病条件】 病菌主要在种子表面及随病残体在土壤和堆肥中越冬,翌年通过风、雨和昆虫传播,经伤口侵入。病菌在 2℃~41℃ 都能生存,但适温为 30℃~35℃,所以发病多在高温季节。凡是受棉铃虫、烟夜蛾等害虫钻蛀的果实,很容易发病。雨天收获后使用不清洁的水冲洗果实,特别是果实装筐时用水边冲边摇动的做法,容易造成软腐病扩散,使果实在贮运过程中病害加重。

【防治方法】 ①种子消毒,其方法同炭疽病防治。②实行轮作,避免与茄科和十字花科蔬菜连作。③认真及时做好棉铃虫和烟夜蛾的防治,把蛀食性害虫消灭在蛀食以前,是防治软腐病的有效措施。④加强田间管理。合理密植,注意通风,降低空气湿度。雨季及时排水。发现病果及时清除,并深埋或烧毁。⑤药剂防治。发现病害立即喷洒 72% 硫酸链霉素可溶性粉剂 4 000 倍液,或 90% 新植霉素可溶性粉剂 4 000 倍液。每 6~7 天喷 1 次,连喷 2~3 次。

青枯病

过去,辣椒青枯病主要发生在南方。近年来,在河南、河北、天津等北方地区辣椒青枯病有日趋严重之势。

【危害症状】 发病初期仅个别枝条的叶片出现萎蔫,以后扩展至整株。开始时,叶片在早、晚仍能恢复正常,呈青绿色,以后逐渐枯黄,后期叶片变褐枯焦。开始时,病茎外表症状不明显,纵剖茎部维管束变为褐色至全部腐烂,但不呈糊状,也无恶臭(以此特点与软腐病相区别)。如切一小段茎投入试管清水中,很快可见白色菌脓在水中漂荡,清水变为浑浊的乳白色菌液黏液。果实被害,表面正常,内部组织变褐色,后期病果呈水渍状。病果易脱落。植株局部或整个根系变为褐色。

【发病条件】 病菌可随病株残体在土壤中越冬,翌年通过雨水、灌溉水及昆虫传播,多从根部或茎部的皮孔或伤口侵入。地温是发病的重要条件,当土壤温度达到20℃~25℃、气温为 30℃~37℃ 时,田间易出现发病高峰;尤其在大雨或连阴雨后骤晴,气温急剧升高,高温高湿,更易促使该病流行。我国南方微酸性土壤发病较严重。此外,连作地、积水地均易发病。

【防治方法】 ①调整好土壤酸碱度。在南方地区微酸性土壤栽培时,结合整地,可每 667 米^2 施入消石灰50~100 千克,与土壤混合,使土壤呈微碱性,可抑制病菌生长。②实行 3 年以上轮作。青枯病可危害多种茄科作物,凡前茬为番茄、茄子、辣椒的,均不宜种辣椒。③培育适龄壮苗,采用容器育苗,保护幼苗根系。④采用高畦垄栽,注意排水。⑤发现病株要立即拔除烧毁,并在穴内灌注 20% 石灰水,也可以撒石灰粉,以防止该病蔓延。⑥药剂防治。发病初期可用 72% 硫酸链霉素可溶性粉剂4 000 倍液喷洒,每 7~10 天喷 1 次,连续喷 2~3 次。

菌 核 病

菌核病主要发生在保护地内,露地栽培一般少见。

【危害症状】 辣椒的幼苗和茎、叶、花、果均能发病。

苗期染病时,茎基部初呈淡褐色水渍状病斑,后变棕褐色软腐状,并迅速绕茎一周。潮湿时,长出白色棉絮状菌丝或软腐,但不产生臭味,干燥后呈灰白色,茎部变细,上生黑色鼠粪状菌核,最后全株死亡。成株染病,主要危害茎基部和分权处,初期出现水渍状稍凹陷的淡褐色病斑,后变为灰白色,绕茎一周后向上下扩展。潮湿时,病斑上生有白色棉絮状霉层,茎上形成许多黑色鼠粪状菌核。果实染病,从脐部向果面扩展,出现水渍状褐色病斑,果实逐渐腐烂,果实表面长出白色棉絮状菌丝,果实内部空腔形成大量黑色菌核,引起落果。本病无恶臭。

【发病条件】 病菌在土壤或种子中越冬。经气流传播到植株上进行侵染。田间操作、病株与健康株之间的接触也可引起侵染。病菌发育的最适温度为20℃。阴雨时间长,将加剧病害的发展。在南方地区,3~4月份或10~12月份为菌核病的两次发病高峰,北方多发生在3~5月份。

【防治方法】 ①种子消毒。在无病田块或无病植株上留种。用55℃温水浸种后,催芽。也可用相当于种子重量0.3%~0.5%的50%多菌灵可湿性粉剂拌种消毒。②苗床土消毒。每平方米可用25%多菌灵可湿性粉剂10克与1千克细干土混合均匀,撒于地表后播种。③土壤处理。菌核病菌在土壤中存活时间长,轮作效果不大。因此,应进行土壤处理。可在定植前深翻35厘米后整地,将地表的菌核埋到土壤深层。或在深翻后结合耙地,每667米^{2}施用50%腐霉利可湿性粉剂2000克。④发现病株及时深埋、烧毁。⑤药剂防治。发病初期可喷洒50%多菌灵可湿性粉剂500倍液,或70%甲基硫菌灵可湿性粉剂500倍液,每7～10天喷1次,连续喷2～3次。在保护地内也可用45%百菌清烟剂熏烟,每次每667米²用药250克,连续熏烟2～3次。

白粉病

白粉病主要危害辣椒的叶片,新叶、老叶均能发病,是引起辣椒落叶的一个重要病害。近年来,辣椒白粉病有明显加重的趋势,全国各地多有发生。

【危害症状】 发病初期,叶片正面产生褪绿色的小黄斑点,逐渐发展成为边缘不明显、较大块的淡黄色斑块;叶片背面产生一层很薄的白粉状物,即病菌的分生孢子梗和分生孢子。严重时,病斑密布全叶,最后全叶变黄;病害流行时,白粉迅速增加,覆满全部叶片,大量落叶,形成光秆。

【发病条件】 病菌随病叶在地表和土壤中越冬。在田间,病菌主要靠气流传播蔓延。在空气相对湿度低于60%的较干燥环境下,该病发展较快。病菌一旦侵入,气温高于30℃时可加速症状的出现和发展。昼夜温差大时,有利于白粉病的发生和发展。

【防治方法】 ①深耕翻土,深埋病菌,减少越冬病源。②水旱轮作或3年以上轮作。③加强田间管理,保持田间有适宜的空气湿度,防止土壤干旱和空气干燥。④药剂防治。发病初期,可用75%百菌清可湿性粉剂500

倍液,或 70%代森锰锌可湿性粉剂 400 倍液,或 50%多菌灵可湿性粉剂 500 倍液,或 70%甲基硫菌灵可湿性粉剂 1 000 倍液,或 15%三唑酮乳油 1 000 倍液喷雾。每 7 天左右喷 1 次,连续喷 2～3 次。

　　白粉菌是一种容易产生抗药性的病菌,有时连续使用 3 次药,药效即下降。因此,在进行化学防治时,用药的品种不可太单一,最好不同的药剂交替使用。

枯萎病

　　枯萎病属土传病害,为常见的病害之一。主要发生在结果期。

　　【危害症状】　辣椒植株感病后,全株枯萎或个别枝条枯萎,叶片自基部向上由黄色变为褐色,凋萎下垂,叶片脱落或不脱落。根系及茎基部变黑褐色,腐烂;剖视茎枝内部,可见维管束也变深褐色,最后全株枯死。如切取一小段病茎,置于盛有清水的试管中,无白色菌脓流出,这是枯萎病区别于青枯病的主要特征。

　　【发病条件】　病菌在土壤中越冬,种子也可带菌传播。病菌从根部伤口侵入,大量繁殖后,堵塞导管,致使水分和养分不能上升,并产生毒素影响寄主正常的生理机制,致使植株枯萎死亡。病菌主要靠雨水和种子传播。在地温为 28℃左右、湿度较高的情况下,发病严重;气温为 33℃以上或 21℃以下,病情停止发展。

　　【防治方法】　①实行 3 年以上轮作。②使用充分腐熟的有机肥。③选用无病种子和实行种子消毒。④药剂防治。发病初期,用 50％多菌灵可湿性粉剂或 50％甲基硫菌灵可湿性粉剂 500～1 000 倍液灌根 2～3 次,每次间隔 7～10 天。

日 灼 病

【危害症状】 日灼病主要发生在果实上,果实向阳部分褪色变硬,呈淡黄色或灰白色,病斑表皮逐渐失水变薄,容易破裂,后期容易被其他病菌腐生,长一层黑霉或腐烂。

【发病条件】 辣椒日灼病是一种生理性病害。引起日灼病的主要原因是高温期间叶片遮阴小,太阳直射果面,使果实表皮细胞被烧伤。在种植密度过小、天气干热、土壤缺水或忽晴忽雨时,容易发生此病。

【防治方法】 ①合理密植。露地栽培,1 穴种植 2 株,以加大叶片遮阴量,可减轻病害。②间作高秆作物。辣椒与玉米、豇豆、菜豆等高秆作物或搭架作物间作,可减少太阳直射,改变田间小气候,避免日灼病发生,还可减轻病毒病的危害。

（四）辣椒虫害防治

蚜 虫

【危害特点】　危害辣椒的蚜虫主要是桃蚜和瓜蚜。蚜虫喜欢群居在叶背、花梗或嫩茎上，吸食植物汁液，分泌蜜露。被害叶片变黄，叶面皱缩卷曲。嫩茎、花梗被害呈弯曲畸形，影响开花结实，使植株生长受到抑制，甚至枯萎死亡。蚜虫除吸食植物汁液造成危害外，还可传播多种病毒病。由黄瓜花叶病毒引起的辣椒病毒病主要是由蚜虫传播，只要蚜虫吸食过感病的植株，再迁飞到无病的植株上，短时间即可完成传毒，造成更大的危害。

桃蚜主要以无翅胎生雌蚜在越冬蔬菜和窖藏蔬菜内越冬，也可以卵在菜心中越冬。在加温温室内可不越冬而继续胎生繁殖，到翌年春天产生有翅蚜迁飞到辣椒或其他寄主作物上胎生繁殖，危害作物。桃蚜对黄色、橙色有强烈的趋性，对银灰色有忌避作用。瓜蚜主要以卵在露地越冬作物上越冬，在温室内以成蚜或若蚜越冬继续繁殖，翌年春季产生有翅蚜迁飞到辣椒等作物上危害。

【防治方法】　①清洁田园。清除田园及其附近的杂草，减少蚜源。②用银灰色薄膜覆盖栽培可达到驱避桃蚜的目的。③在棚室内或辣椒栽培田的行间，设黄色或橙色的诱蚜板，利用桃蚜对黄色和橙色的强烈趋性，诱杀蚜虫。④药剂防治。蚜虫繁殖速度很快，必须及时防治。蚜虫多在叶背面和幼嫩的心叶上危害，所以喷药时一定要周到细致,最好选用具有触杀、内吸、熏蒸三重作用的新农药抗蚜威。此药不仅对蚜虫有特效而且具有较强的选择性,对其他昆虫乃至高等动物均无毒害,属无污染农药。它不杀死菜田中的天敌昆虫,不伤害蜜蜂等益虫,但也不杀灭蚜虫之外的其他害虫。所以,当辣椒在发生蚜虫的同时,还有其他害虫,则需另喷药或实行混合喷药。可选用50%抗蚜威可湿性粉剂4 000～8 000倍液,或10%吡虫啉可湿性粉剂1 000～2 000倍液,或2.5%溴氰菊酯乳油2 000～3 000倍液喷雾。在保护地(可封闭条件下)可每667米^{2}用30%敌敌畏烟剂300克熏蒸。

茶黄螨

【危害特点】 茶黄螨集居在植株幼嫩部位刺吸汁液,以致嫩叶、嫩茎、花蕾、幼苗不能正常生长。受害叶片增厚、僵硬,叶背面具油质状光泽或呈油渍状,渐变黄褐色,叶缘向下卷曲、皱缩。受害嫩茎变为黄褐色,扭曲畸形,植株矮小丛生,甚至干枯秃顶。严重受害的蕾和花不能开花、坐果。果实受害,果柄、萼片及果皮变为黄褐色,失去光泽,果实生长停滞变硬,失去商品价值。

茶黄螨虫体很小,长约0.21毫米,椭圆形,淡黄色至橙黄色,表皮薄而透明,所以螨体呈半透明状。北方地区在温室中越冬,少数雌成螨可在越冬作物或杂草根部越冬,翌年5月份开始危害。茶黄螨借风雨传播,也能爬行危害。该虫有强烈的趋嫩性,所以又叫嫩叶螨。卵和螨对温湿度要求较高,气温达16℃～23℃、空气相对湿度为

80％～90％时危害严重。因此,温暖多湿的地方,如日光温室辣椒更易受害,北京地区大棚辣椒栽培6月下旬为盛发期,露地栽培7～9月份受害最重。

【防治方法】　①清洁田园,及早清除田间及其周围的杂草和枯枝落叶,以减少虫源。②药剂防治。茶黄螨不属于昆虫类,为螨类有害生物。因此,使用一般杀虫剂难以奏效,而应采用专门的杀螨剂。可选用20％哒螨灵可湿性粉剂3 000～4 000倍液,或20％双甲脒乳油1 000～1 500倍液,或50％溴螨酯乳油1 000～2 000倍液,或25％三唑锡可湿性粉剂2 000～3 000倍液喷雾。

茶黄螨具有趋嫩习性,在辣椒的顶芽嫩尖初生长的部位分布最密,危害最重,打药时要重点喷洒辣椒的这些幼嫩部位。每隔10～14天喷1次,连续喷3次。

红 蜘 蛛

【危害特点】　红蜘蛛和茶黄螨一样,均不属于昆虫,而属螨类有害生物。它主要聚集在辣椒叶背面吸取汁液。植株受害早期叶片背面出现褪绿黄白色斑点,呈网状斑纹;严重时斑点变大,叶面渐变为黄白色,叶片变锈褐色,枯焦,最后脱落。红蜘蛛危害常引起植株早衰,产量降低。果实受害时,也出现褪绿色斑点,影响果实品质和外观。

红蜘蛛多潜伏于杂草、土壤中越冬,翌年春天先在寄主上繁殖,然后转移到辣椒田繁殖危害。初为点片发生,后靠爬行或吐丝下垂借风雨扩散传播。开始危害植株老叶,再向上蔓延。当繁殖数量过大时,常在叶端群集成团,通过风的扩散作用向四周爬行蔓延,分散到其他植株继续取食危害。如遇干旱年份容易造成红蜘蛛重大危害。雨水多时,螨类的繁殖易受影响,暴雨、台风等气候对螨的发生有明显的抑制作用。

【防治方法】 ①清洁田园。彻底清除田间及附近杂草,前茬作物收获后及时清除残枝落叶,减少虫源。②药剂防治。对红蜘蛛喷药必须采用"圈治"方法,即红蜘蛛点片发生初期,立即用喷雾器喷1个农药包围圈,圈的范围略大于害虫发生的范围,然后对圈内辣椒植株进行彻底喷药。使用的农药同茶黄螨的防治。

烟青虫

【危害特点】 成虫为黄褐色蛾子,其卵半球形稍扁,乳白色。老熟幼虫头部浅褐色,体呈黄绿色或灰绿色。以蛹在土壤中越冬。主要危害花蕾、花和果实。成虫羽化后白天潜伏在叶背、杂草丛或枯叶中,晚上出来活动。卵散产在嫩叶、嫩茎、果柄等处。每头雌虫可产卵1 000粒以上。孵化后的幼虫危害嫩叶、嫩茎,二龄后开始蛀果,在近果柄处咬成洞孔,钻入果内啃食果肉和胎座,遗下粪便引起果实腐烂。并有转株、转果危害习性。1头幼虫可危害3～5个果实,造成大量落果或烂果。

【防治方法】 ①利用黑光灯诱杀成虫。②药剂防治。由于烟青虫属钻蛀性害虫,所以必须抓住卵期及低龄幼虫期(尚未蛀入果实中)施药,最好使用杀虫兼杀卵

的药剂。在幼虫孵化盛期,选用 2.5％氯氟氰菊酯乳油
2 000～4 000 倍液,5％顺式氯氰菊酯乳油 3 000 倍液,或
20％甲氰菊酯乳油 2 000～2 500 倍液,或 10.8％四溴菊
酯乳油 5 000～7 500 倍液喷雾。每隔 6～7 天喷 1 次,连
喷 2～3 次。在辣椒第一次采收前 10 天停止使用化学农
药。此后,如需防治,只能使用生物制剂,每 667 米^2 可用
0.3％印楝素乳油 50～100 克对水 50 升喷雾。这种方法
既可控制危害,又不伤害天敌,且不污染环境,是首选的
生物防治方法。

棉 铃 虫

【危害特点】 成虫为黄褐色蛾子,其卵呈扁球形,乳
白色。老熟幼虫头部褐色,体色具黑色、绿色、绿色褐斑
型、绿色黄斑型、黄色红斑型、灰褐色、红色、黄色等多种
颜色。以幼虫蛀食蕾、花、果为主,也啃食嫩茎、叶和芽。
幼果常被吃空或引起腐烂而脱落,成果虽然只被蛀食部
分果肉,但因蛀孔在蒂部,常导致雨水、病菌流入而引起
腐烂。所以,果实大量被蛀后造成腐烂脱落,是减产的主
要原因。

棉铃虫 1 年可发生多代,以蛹在土壤中越冬。它属
于喜温、喜湿性害虫。早夏气温稳定在 20℃左右,越冬蛹
开始羽化。成虫产卵于辣椒植株上,幼虫发育以 25℃～
28℃、空气相对湿度 75％～90％最为适宜。如雨水过多,
土壤板结,不利于幼虫入土化蛹,可提高蛹的死亡率。此
外,暴雨可冲刷棉铃虫卵,对它有抑制作用。

【防治方法】 ①冬耕冬灌,可消灭越冬蛹。②利用成虫的强趋光性,可利用黑光灯诱杀。③药剂防治。需要注意的是,辣椒田上发生的棉铃虫虽然和棉田发生的棉铃虫是同一种害虫,在棉田中施用的农药多为高毒长残留杀虫剂,但这种药剂万万不可用于辣椒田中。棉铃虫和烟青虫一样,必须在卵期和低龄幼虫期施药才有效果。其防治方法可参照烟青虫。

白 粉 虱

【危害特点】 白粉虱的虫体淡黄色至白色。成虫和若虫群居辣椒叶片背面吸食汁液,致使叶片褪色变黄、萎蔫;同时分泌蜜露在叶片上,诱发煤污病,严重影响叶片的光合作用和呼吸作用。白粉虱是保护地栽培的主要害虫之一。以各种虫态在保护地越冬。在春天气温回升时,飞迁到露地菜田危害,秋后气温下降时,又转移到温室危害并越冬。成虫飞翔力很弱,对黄色有强烈的趋向性。

【防治方法】 白粉虱具有寄主范围广、繁殖快、传播途径多、抗药性强等特点。在防治上,应采用以培育无虫苗为基础的综合防治方法。①培育无虫苗。育苗前清除杂草、残株,彻底熏杀育苗温室内残余虫口,通风口要安装纱窗,杜绝白粉虱进入。培育无虫苗,将其定植到清洁的经熏杀的生产温室中去。②物理防治。利用白粉虱成虫对黄色有强烈趋向性的特点,在白粉虱发生初期,将涂有黏油或蜜汁的黄色板,挂在保护地内行间植株上方,诱杀成虫。③药剂防治。在白粉虱发生虫口密度尚低的初期,即应及时喷药,这是防治成功的关键。可用25%噻虫嗪水分散粒剂2 500～7 500倍液,或20%甲氰菊酯乳油2 000倍液喷雾,对若虫和成虫均有防效。若将昆虫生长调节剂25%噻嗪酮可湿性粉剂1 000～1 500倍液与上述菊酯类药配合运用,既能快速控制种群的发展,又可维持较长的效果;也可在保护地内,每667米^{2}用22%敌敌畏烟剂500克或30%白粉虱烟剂320克熏杀。

地下害虫

【危害特点】 辣椒在播种期或幼苗期往往遇到地下害虫的危害,主要的种类有蛴螬(金龟子幼虫)、蝼蛄、地老虎等。这些害虫在地下活动危害,通常不易察觉。一般在地下深层越冬,经常在苗床中啃食萌发的种子,或将幼苗近地面的根颈部咬断,致使幼苗死亡,导致缺苗断垄。地下害虫一般都喜温暖潮湿的环境条件,故在潮湿的土壤中其危害更重。

【防治方法】 在历年地下害虫危害严重的地块,播种或移栽前耕、耙土壤时,每667米^{2}可用5%敌百虫可湿性粉剂2千克,或5%甲萘威可湿性粉剂2千克,或5%喹硫磷颗粒剂0.5千克,或2%哒嗪硫磷粉剂3千克在土表喷撒,随耕作翻入土中,均可对土壤中的害虫起到一定的控制作用。辣椒出苗后,可用50%辛硫磷乳油1 000倍液,或25%喹硫磷乳油1 000倍液,或90%晶体敌百虫1 000倍液,或10%吡虫啉可湿性粉剂1 000倍液灌根,一般有效期为7～10天。

附录　书中辣椒优良品种
育成单位联系地址

中国农业科学院蔬菜花卉研究所
北京市中关村南大街 12 号,邮编:100081

北京市农林科学院蔬菜研究中心
北京市海淀区彰化路 50 号,邮编:100097

北京市海淀区植物组织培养技术实验室
北京市 992 信箱,邮编:100091

湖南省农业科学院蔬菜研究所
湖南省长沙市芙蓉区马坡岭,邮编:410125

江苏省农业科学院蔬菜研究所
江苏省南京市玄武区钟灵街 50 号,邮编:210014